Ihrer Hochgeboren

der

Frau Geheime Staatsräthin

Gräfin von Itzenplitz-Friedland

hochachtungsvoll und gehorsamst

zugeeignet.

ISBN 978-3-662-38865-5   ISBN 978-3-662-39791-6 (eBook)
DOI 10.1007/978-3-662-39791-6

Vorrede.

Bei den Fortschritten, welche in den einzelnen Zweigen der Landwirthschaft gemacht werden, möchte es an der Zeit sein, auch das Molkenwesen etwas näher in das Auge zu fassen, und zu untersuchen, ob das Verfahren, wie es jetzt allgemein gebräuchlich ist, um die einzelnen Bestandtheile der Milch zu benutzen, zweckmäßig und vollkommen genannt werden kann, oder ob wir auch hierin noch einige Verbesserungen und gewinnbringende Aufschlüsse von den Naturwissenschaften, insbesondere von der Chemie zu erwarten haben. — Ich übergebe hiermit dem landwirthschaftlichen Publikum meine über diesen Gegenstand erhaltenen Resultate; sie sind das Ergebniß einer Reihe von Versuchen, die ich in meinen Verhältnissen als Lehrer an einer landwirthschaftlichen Akademie, oft und wiederholentlich anzustellen Gelegenheit hatte.

Der Verfasser.

Wenn wir die einzelnen Bestandtheile der Milch, welche vorzugsweise die Gewinnung und die Anwendung derselben in der Landwirthschaft bedingen, näher betrachten, so finden wir dieselben als Fett, als Käsestoff und als eine eigenthümliche Zuckerart, Milchzucker genannt. Das Wasser, so wie die übrigen Bestandtheile der Milch, wohin die verschiedenen Salze gehören, werden nur unter gewissen und sehr beschränkten Umständen in Gebrauch gezogen, was auch streng genommen nicht minder mit dem Milchzucker der Fall ist; es bleiben sonach, dem Zwecke dieser Schrift entsprechend, nur noch das Fett und der Käsestoff übrig, welche nun in ihrer Verwendung als Butter und Käse näher betrachtet werden sollen. Bevor wir jedoch damit beginnen, müssen wir der Vollständigkeit, besonders aber des richtigen Verständnisses wegen, eine kurze Uebersicht und Beschreibung der wichtigsten chemischen und physikalischen Eigenschaften der Milch selbst, als auch ihrer Bestandtheile, vorausschicken.

Die Milch, in den ersten Augenblicken, wo sie dem thierischen Körper entnommen, ist eine dem unbewaffneten Auge ganz gleichmäßig erscheinende Flüssigkeit von weißer Farbe, von eigenthümlichem Geschmack und Geruch, und weder sauer noch alkalisch. Sie wird mit Ausnahme einiger sehr seltenen Fälle, nur von weiblichen Säugethieren allein erzeugt, und zwar geschieht die Absonderung der Milch daselbst in besondern drüsigen Organen, welche wir bei unsern Hausthieren Euter nennen. Die Thätigkeit dieser Organe hängt wiederum mit den Geschlechts-Verrichtungen der weiblichen Thiere, insbesondere mit dem Gebähren zusammen, indem die Milch als erste Nahrung dem neugebornen Thiere bestimmt ist. Es wird demgemäß die Absonderung der Milch nach dem Gebähren am größesten sein, sie nimmt ab in dem Maaße, wie sich das junge Thier entwickelt und dessen Verdauungsorgane für die Verdauung anderer Nahrungsmittel passend werden, bis nach einer gewissen Zeit die Absonderung der Milch in den meisten Fällen gänzlich aufhört. Was die Zusammensetzung der Milch bei den verschiedenen Säugethieren anbetrifft, so ist es eine irrige Ansicht, wenn man glaubt, daß die Milch dieser wesentlich verschieden sei. Nach meinen Untersuchungen enthält die Milch der Fleischfresser, z. B. der Hunde, welche Wochenlang blos mit Fleisch gefüttert waren, dieselben Bestandtheile wie die der Pflanzenfresser; es fehlte dieser Milch so wenig der Milchzucker, wie der Kuhmilch, und nur ein verschiedenes Mengenverhältniß begründet einen Unterschied. Es kann freilich nicht in Abrede gestellt werden, daß mitunter die Milch von zwei Thieren gleicher Art, z. B. von zwei Kühen, von ganz verschiedener Beschaffenheit sein kann, allein dergleichen Abweichungen sind nur zufällig und rühren entweder von ganz besondern Nahrungsmitteln oder aber auch von Krankheit her. Im Allgemeinen finden wir die Milch bestehend aus Wasser, Fett, Käsestoff, Milchzucker und verschiedenen Salzen, wohin namentlich verschiedene Kalisalze, milchsaures Natron, milchsaures Ammoniak, Kochsalz, Salmiak, phosphorsaure Kalkerde gehören; außerdem können, wie schon vorhin bemerkt wurde, in einzelnen Fällen noch besondere Bestandtheile auftreten, die in den Körper des Mutterthiers gelangt sind, und auf diesem Wege wieder ausgesondert werden, wie dieses z. B. mit dem Alkohol, mit dem wesentlichen Bestandtheil des Rhabarbers und mit einer nicht geringen Anzahl theils schwach, theils stark wirkender Arzneimittel und Gifte der Fall ist. Wir dürfen also nicht vergessen, daß dergleichen Stoffe nur zufällig in der Milch vorkommen können, und aus diesem Grunde kann keine Rede von ihnen sein, wenn nämlich von den eigentlichen Bestandtheilen der Milch gesprochen wird. — Da die Milch keine chemische Verbindung ist, sondern nur ein Gemenge dieser verschiedenen Substanzen und diese wiederum in Betreff ihrer Quantität, in den verschiedenen Zeiträumen der Absonderung und des Melkens der Milch und bei verschiedener Nahrung auch sehr häufig wechseln werden, so kann von einem bestimmten specifischen Gewichte der Milch nicht gut die Rede sein, und alle Angaben hierüber können sich nur auf die Milch allein beziehen, mit welcher eben der Versuch angestellt wurde. — Der fernern Eigenschaften der Milch werden wir nun im Verlaufe einer Beschreibung ihrer einzelnen Bestandtheile vollends gedenken.

Der Käsestoff oder das Casein ist eine Substanz, die, was ihre elementare Zusammensetzung betrifft, aus Kohlenstoff, Wasserstoff, Stickstoff, Sauerstoff und einer geringen Menge Schwefel besteht; wir finden $54\frac{2}{3}$ p. C. Kohlenstoff, 7 p. C. Wasserstoff, $15\frac{1}{2}$ p. C. Stickstoff und $22\frac{1}{3}$ p. C. Sauerstoff. Er kommt im thierischen Organismus hauptsächlich nur in der Milch vor, fehlt nicht im Pflanzenreiche und macht einen wesentlichen Bestandtheil vieler Samen, besonders mehrerer Hülsenfrüchte tragenden Pflanzen, z. B. der Erbsen, Bohnen, Linsen, Wicken u. dgl. m. aus. Man kennt den Käsestoff in zwei verschiedenen Zuständen, einmal im coagulirten oder geronnenen, in welchem Zustande derselbe in Wasser unlöslich ist, das andere Mal in einem in Wasser löslichen Zustande. So findet er sich unter andern auch in der Milch, welche noch nicht sauer geworden ist; man kann eine Auflösung des Käsestoffs in Wasser und so auch frische Milch erhitzen, ohne daß derselbe sich ausscheidet und unlöslich wird; er gerinnt nicht, wie wir dieses bei einer dem Käsestoff verwandten Substanz, dem Eiweiß, wahrnehmen. Nur erst durch anhaltendes Erhitzen scheidet sich auf der Ober= fläche einer Auflösung desselben ein Theil in Gestalt einer Haut aus, welcher alsdann unlöslich ist, eine Erscheinung, die wir täglich bei heißer Milch beobachten. Durch Säuren wird der Käsestoff gefällt, es entstehen Verbindungen desselben mit den zur Fällung benutzten Säuren, Verbindungen, welche jedoch nur bei der Essigsäure in einem Ueberschuß der verwendeten Säure löslich sind. Der so gefällte Käsestoff, namentlich wenn dessen Fällung oder Gerinnung durch eine Säure geschah, die sich freiwillig in der Milch erzeugt, und die wir weiter unten ken= nen lernen, wird nun im gewöhnlichen Leben Käse genannt, weißer, frischer Käse, Quark oder Matz. Dergleichen Käsestoff bildet eine weiße, undurchsichtige krümlige Masse, die unter dem Mikroscop betrachtet, aus einer unendlichen Anzahl zarter, feiner Häutchen besteht, welche in Wasser nun nicht mehr *löslich* sind. S. **Tab. I. Fig. D. a.** Setzt man dagegen eine Auflösung von kaustischem Kali oder Natron oder auch von kohlensaurem Kali oder Natron zu diesem frisch gefällten Käsestoff, so sehen wir denselben sogleich zu einer klaren und hellen Flüssigkeit sich auflösen. Noch interessanter wird die Erscheinung, wenn an= statt dieser Alkalien kaustisches Ammoniak oder Salmiakgeist genommen wird; der weiße, undurchsichtige Käse wird schon durch einige Tropfen dieser Flüssigkeit, besonders wenn das Ganze etwas erwärmt wird, in eine fast durchsichtige, homo= gene Masse verwandelt, die sich nicht vollständig in Ammoniak auflöst. Dieselbe Erscheinung und durch dieselbe Substanz her= vorgebracht, beobachten wir bei jedem Käse, welcher nicht mehr frisch ist und eine angehende Fäulniß erleidet; denn auch hier bildet sich durch die theilweise Zersetzung oder Fäulniß des Käsestoffs die Substanz, welche wir Ammoniak nennen und die nun mit dem übrigen noch unzersetzten Käsestoff jene, für die Verwendung des Käse als Speise, uns so willkommene Erscheinung hervorbringt. Leider bilden sich aber stets, wenn wir den Käse theilweise einer Fäulniß aussetzen, außer dem Ammoniak, auch andere Producte, welche dem Käse einen oft widerlichen Geschmack und Geruch ertheilen, namentlich ist es eine Verbindung aus Schwefel und Wasserstoff, die in Gemeinschaft mit Ammoniak dem faulen Käse jenen widerlichen Geruch ertheilt. Dagegen ist der, durch Ammoniak unmittelbar veränderte Käsestoff ganz geruchlos, wenn vorher durch gelindes Erwärmen das Ammoniak entfernt wurde. Wir sind also im Stande, den frischen, weißen Käse in jenen gleichartigen, fast durchsichtigen Zustand des alten Käse umzuändern, ohne daß wir denselben faulen lassen und viele Monate zu warten brauchen; denn die Veränderung, welche das Ammoniak hervorbringt, wenn es in der ganzen Masse vertheilt ist, geschieht schon in einigen Minuten. Wir werden später bei der Käsebereitung noch einmal auf diesen Gegenstand zurückkommen.

Die Quantität des Käsestoffs in der Milch ist bei den verschiedenen Thieren sehr verschieden. Selbst bei der Milch der Kühe wird dessen Gehalt je nach den Nahrungsmitteln, welche das Thier erhält, so wie nach der Periode des Melkens, ob frisch- oder altmelkend, oft sehr variiren. So fand ich in der Milch von Kühen, die mit Schlempe und dem nöthigen Zusatz von Heu und Stroh gefüttert wurden, durchschnittlich 4½ p. C. Käsestoff.

Wir besitzen, um den Gehalt an Käsestoff in der Milch zu erfahren, außer der chemischen Analyse, leider kein zuverlässiges Mittel. Allerdings macht der Käsestoff die Milch specifisch schwerer als Waffer, und es könnte auf diesem Wege, mit Hülfe eines Aräometers, der Gehalt desselben erforscht werden, wenn nicht mit dem Käsestoff zugleich auch andere Substanzen, wie Milchzucker und die verschiedenen Salze in der Milch vorhanden wären, welche ebenfalls das specifische Gewicht erhöhen. Gewährte die genaue Ermittlung der Käsestoff-Menge dem Landwirth einen besondern Nutzen, so bliebe nichts Anderes übrig, als eine Zerlegung der Milch und eine Trennung des Käsestoffs. Da jedoch der Käsestoff der werthvollste Bestandtheil der Milch bei Weitem nicht ist, so ist auch eine Untersuchung desselben für die Praxis von keiner so großen Wichtigkeit, und man kann allenfalls mit dem, was das Galactometer anzeigt, zufrieden sein. Ich werde weiter unten, bei der unmittelbaren Bestimmung des Fettes der Milch, auch die Methode anführen, wodurch der Käsestoff genau bestimmt wird.

Das Fett der Milch ist, eben so wie das übrige Fett des thierischen Organismus, ein Gemenge aus den drei verschiedenen Fettarten, die wir mit den Namen Stearin oder Talgstoff, Margarin und Elain oder Oelstoff bezeichnen, und je nach den verschiedenen Nahrungsmitteln, welche die Thiere erhalten, herrscht bald die eine, bald die andere der genannten Fettarten in dem Milchfett vor. Außer diesen drei Fettarten, die wir auch in derselben Gestalt und mit denselben Eigenschaften bei allem übrigen Fett des Thier- und Pflanzen-Reichs antreffen, enthält das Fett der Milch noch einige besondere Bestandtheile, die zwar ihrer Natur nach ebenfalls zu den Fettarten gehören, wahrscheinlich aber dem Milchfett allein zukommen und das Eigenthümliche desselben bedingen. Zu diesen besondern Fettstoffen zählen wir das Butyrin, eine Substanz, die nicht wenig zur Unterscheidung des Milchfettes von allem übrigen Fett des Thier- und Pflanzenreichs beiträgt. Diese genannten Fettarten, nämlich Stearin, Margarin, Olein und Butyrin, aus denen das Milchfett zusammengesetzt ist, bestehen, was ihre elementare Zusam= mensetzung anbetrifft, nur aus Kohlenstoff, Wasserstoff und Sauerstoff. Wir vermissen hier einen Bestandtheil, den wir bei dem Käsestoff fanden, nämlich den Stickstoff, und ersehen hier= aus, wie sich diese beiden Bestandtheile der Milch auch in che= mischer Beziehung wesentlich von einander unterscheiden. Konn= ten wir bei dem Käsestoff die absoluten Gewichts=Verhältnisse der Elemente angeben, so ist es bei dem Milchfett unmöglich, indem ja dieses ein schwankendes Gemenge aus verschiedenen Fettarten ist, und diese wiederum verschiedenartig quantitativ zusammengesetzt sind.

Was die übrigen physikalischen und chemischen Eigenschaften des Milchfettes anlangt, so sind es im Allgemeinen dieselben, wie wir sie auch bei anderm Fette beobachten: geringeres spec. Gewicht als das Wasser und Unlöslichkeit in demselben, zum Theil löslich in Alkohol, vollständig löslich in Aether, ätheri= schen und fetten Oelen. — Wird das Milchfett oder die Butter mit caustischen Alkalien und alkalischen Erden behandelt, so verseift sich dasselbe, und es entstehen entsprechende fettsaure, wie stearin=, margarin= und elainsaure Verbindungen; allein außerdem wird bei dieser Gelegenheit auch das Butyrin ver= ändert, und man bemerkt unter andern Producten auch butter= saure Verbindungen. Wird eine solche buttersaure Verbindung zerlegt, so daß die Buttersäure frei wird, so giebt sich dieselbe sogleich durch einen eigenthümlichen, höchst penetranten Geruch zu erkennen, welcher viel Aehnlichkeit mit demjenigen hat, den man bei verdorbener, ranziger Butter beobachtet; wahr= scheinlich, daß sich im letztern Falle ebenfalls freie Buttersäure erzeugt.

Da das Fett in Wasser unauflöslich ist, so kann nun auch das Fett der Milch in derselben nicht in einem aufgelösten, sondern nur in einem gemengten, höchst fein suspendirten Zu=

ftanbe vorhanden sein. Bei der frischen Milch bemerken wir daher mit bloßen Augen auch nicht im mindesten die Gegenwart des Fettes, sondern das Ganze erscheint als eine weiße, undurchsichtige, gleichartige Flüssigkeit. Betrachtet man jedoch die Milch mit Hülfe eines Mikroscops, so sehen wir ganz deutlich, wie das Fett nicht aufgelöst, sondern nur in einem fein vertheilten Zustande vorhanden ist, denn eine unzählbare Menge von Fettkügelchen, deren Durchmesser zwischen $\frac{1}{100}'''$ und $\frac{1}{400}'''$ schwankt, schwimmen an unserm Auge vorüber. S. **Tab. I Fig. A.** Jedenfalls liegt der Grund dieser Erscheinung in dem eigenthümlichen Bau des drüsigen Organs, in welchem die Milch bereitet wird, obgleich der in der Milch aufgelöste Käsestoff nicht wenig zu der feinen Vertheilung des Fettes beiträgt, und eine Ursache abgiebt, weßhalb ein großer Theil des Fettes suspendirt bleibt, und sich nicht in größern Massen als Rahm auf der Oberfläche der Milch ansammelt. Die Meinungen, ob jedes Fettkügelchen eine besondere Hülle von festem oder geronnenem Käsestoff gleich einer Zelle besitze, oder ob das Fettkügelchen, wie es in jeder künstlichen Milch, in einer Emulsion, der Fall ist, den Käsestoff in Folge der Adhäsion nur in einem dichteren Zustande um sich vereinige, sind wohl noch immer getheilt; für die Gewinnung des Milchfettes ist dieses von keinem Einfluß, mögen wir nun die eine oder die andere Ansicht haben. — Die übrigen Eigenschaften des Milchfettes müssen wir, des gehörigen Verständnisses wegen, so lange verschieben, bis wir zur Bereitung der Butter kommen; jedoch wollen wir noch die Untersuchung der Milch auf ihren Fettgehalt etwas näher betrachten.

Der Fettgehalt der Milch ist sehr verschieden und hängt nicht allein von den Nahrungsmitteln ab, sondern verändert sich auch nach der Tageszeit und der Zeit, von welcher an das Thier gemolken wurde, bis zu der, wo die Absonderung der

Milch ganz aufhört. Nach meinen Untersuchungen schwankt derselbe unter solchen Verhältnissen zwischen 2 und $4\frac{1}{2}$ p. C. bis 5 p. C. Die Quantität des Fettes der Milch bedingt ihren Werth, und es muß daher wichtig sein, dergleichen Mittel und Wege zu kennen, wodurch wir im Stande sind, den Fettgehalt der Milch genau und ohne große Schwierigkeiten beurtheilen zu können. Allein alle Mittel, die wir in dieser Art besitzen, geben uns, mit Ausnahme der chemischen Analyse, nur annäherungsweise ein genaues Resultat und es würde sonach die Erledigung dieses Gegenstandes gewiß viel Anerkennung finden, indem wir alsdann gegen jede Verfälschung der Milch, besonders gegen die mit Wasser, geschützt wären. Wir wollen am Ende dieser Schrift verschiedene Methoden erwähnen, und zugleich ihre Zuverlässigkeit für die Praxis einer Prüfung unterwerfen, jetzt aber der Vollständigkeit wegen den Weg genau beschreiben, auf dem wir bis jetzt allein zu einem sichern Resultate gelangen können.

Eine beliebige Menge frisch gemolkener Milch, ungefähr 1 — 2 Loth, wird in einem Wasserbade bis zur Trockne abgedampft und alsdann gewogen; nach dem Wägen wird das Gefäß von Neuem eine Zeit lang im Wasserbade erhitzt und hierauf wieder gewogen; mit dieser Operation wird so lange fortgefahren, bis kein Gewichtsverlust mehr stattfindet. Der Gewichtsverlust giebt uns den Wassergehalt der Milch, der Rückstand dagegen den Gehalt der übrigen Bestandtheile derselben an. Hat man nun die Ueberzeugung erlangt, daß durch Erhitzen der Milch vermittelst Wasserdämpfe sich nichts mehr verflüchtigt, so wird die trockene Masse fein zerrieben und mit Aether übergossen, der Aether wird alsdann abfiltrirt und dies mehrere Male wiederholt, bis der in Aether unlösliche Rückstand keine Spur eines Fettkügelchens unter dem Mikroscop gewahren läßt. Die ätherische Flüssigkeit wird hierauf ebenfalls

in einem Wasserbade so lange erhitzt, bis sich nichts mehr ver=
flüchtigt. Der Rückstand zeigt mir nach dem Wägen genau die
Menge des Fettes an, welche in der zur Untersuchung verwen=
deten Milch vorhanden war, denn der Aether löst in diesem
Falle nichts anderes, als nur das Fett auf. Der in Aether
unlösliche Rückstand besteht nun noch aus dem Käsestoff, dem
Milchzucker und aus den übrigen Salzen der Milch, und diese
Bestandtheile werden von einander getrennt, dadurch, daß man
den Rückstand zunächst mit Wasser behandelt und das Wasser
abfiltrirt. Dies wiederholt man einige Male und dampft die
wässrige Flüssigkeit bis zu einer gewissen Concentration ein, aus
welcher Flüssigkeit alsdann der größte Theil des Milchzuckers
durch Krystallisation gewonnen wird; die übrigen Salze jedoch,
wenn ihre Quantitäten bestimmt werden sollen, können nur auf
eine umständliche Weise getrennt werden. Der mit Wasser
extrahirte Käsestoff wird gut getrocknet und gewogen, und so
erfährt man auf diese Weise genau die Menge des Fettes, des
Käsestoffs, etwas weniger genau die Menge des Milchzuckers. *)

Will man von der chemischen Analyse Gebrauch machen,
um den Fett= und Käsestoff=Gehalt sämmtlicher Milch der Kühe
kennen zu lernen, so darf man nicht vergessen, daß zu diesem
Zweck eine Vermischung der Milch sämmtlicher Kühe erfolgen
muß, bevor eine Untersuchung angestellt werden kann; auch
muß die Untersuchung mit ganz frischer Milch geschehen, damit

---

*) In vielen Fällen löst sich vom Käsestoff, wenn derselbe mit Wasser
ausgezogen werden soll, um den Milchzucker und die Salze zu trennen,
etwas mit auf, und scheidet sich beim Eindampfen der Flüssigkeit in flocki=
ger Gestalt wieder aus. Man muß daher unter diesen Umständen die
Flüssigkeit bis zur Trockne eindampfen und den Rückstand in Wasser auf=
lösen; der ausgeschiedene Käsestoff kann alsdann durch Filtration getrennt
werden und er wird, um ein genaues Resultat zu erhalten, dem übrigen
Käsestoff zugerechnet.

nicht etwa durch theilweise Abscheidung des Fettes ein falsches Resultat erhalten wird.

Obgleich das Fett und der Käsestoff die beiden Bestandtheile sind, welche uns die Milch so schätzenswerth machen, und der Milchzucker nur in einem sehr geringen Maaße eine technische Anwendung findet, so können wir doch nicht umhin, bei dieser Substanz einige Augenblicke zu verweilen und uns mit einigen Eigenschaften derselben bekannt zu machen, weil nämlich mehrere Erscheinungen, die wir bei der Butter= und Käsebereitung beob= achten, von der Gegenwart des Milchzuckers abhängig sind.

Wenn wir der Milch das Fett und den Käsestoff entzogen haben, so bleibt uns noch der größere Theil des Wassers, worin noch ein kleiner Theil des Käsestoffs, der Milchzucker und die Salze aufgelöst sind, zurück. Diese trübe Flüssigkeit nennt man Molken oder Wadecke und beim Eindampfen scheidet sich aus derselben der noch aufgelöste Käsestoff aus. Man hat diesen Käsestoff für verschieden von dem andern gehalten und hat ihm daher einen besondern Namen „Zieger" gegeben. Aus den bis zu einem gewissen Punkte eingedampften Molken krystallisirt in derben harten Krusten der Milchzucker, und man kann denselben auf diese Weise leicht und in größerer Masse gewinnen. Er enthält keinen Stickstoff und besteht in 100 Theilen aus 40,45 Kohlenstoff, 6,61 Wasserstoff und 52,64 Sauerstoff; wir finden denselben in der Milch aller Säugethiere und ist allein ein Product des thierischen Organismus. Seine schwerere Löslich= keit in Wasser zeichnet ihn besonders vor den übrigen Zuckerarten aus, und dies mag auch der Grund sein, weßhalb der Milch= zucker weniger süß schmeckt. Man hat lange an dessen Gäh= rungsfähigkeit gezweifelt, d. h. an der Fähigkeit, vermittelst eines Ferments bei einer gewissen Temperatur in Alkohol und Kohlensäure zu zerfallen, allein wenn auch dieses mit unserer gewöhnlichen Hefe nicht gelingen will, so ist es doch unbestreit=

bar, daß der Milchzucker unter gewissen Umständen, die wir nur noch nicht vollständig in unserer Gewalt haben, in Gährung versetzt werden kann. Die Bereitung einer alkoholischen Flüssigkeit aus der Pferdemilch, die wir bei einigen Tartarischen Völkerstämmen antreffen, giebt uns einen Beweis dafür; auch ist es mir gelungen, Hundemilch in eine alkoholische Gährung zu versetzen. Vor allen Dingen aber müssen wir diejenige Veränderung des Milchzuckers beachten, welche derselbe außerdem bei der Gegenwart des Käsestoffs erleidet. Wenn wir nämlich die Milch in dem Augenblick, wo sie gemolken ist, untersuchen, so bemerken wir noch keine Spur einer freien Säure, allein nach kurzer Zeit, oft schon nach einigen Stunden, sehen wir eine solche entstehen; sie vermehrt sich von Stunde zu Stunde, bis sie in so großer Menge vorhanden ist, daß der Käsestoff dadurch gerinnt und die Milch dick wird. Untersuchen wir diese Säure, so finden wir, daß es Milchsäure ist, welche jene Erscheinungen hervorbringt, eine Substanz, die ganz so zusammengesetzt ist als der Milchzucker, und auf dessen Kosten in der Milch gebildet wird. Sie unterscheiden sich beide nur durch die Anordnung und Gruppirung ihrer einzelnen Atome, wodurch bei gleicher chemischen Zusammensetzung zwei Körper entstehen, welche sehr verschiedene physikalische und chemische Eigenschaften besitzen. Unter solchen Umständen können daher mitunter dergleichen Körper in einander umgeändert werden, ohne daß etwas aufgenommen oder abgegeben zu werden braucht, es bedarf hierzu nichts Anderes, als eine Versetzung ihrer einzelnen Atome. Der Milchzucker wird nach und nach in Milchsäure umgeändert, und diese Erscheinung steht mit der Gegenwart des Käsestoffs im nächsten Zusammenhange, welcher Letzterer auch eine Verbindung mit der Milchsäure eingeht und dadurch eine andere Erscheinung in der Milch hervorruft, die wir das Gerinnen oder das Dickwerden der Milch nennen. — Setzt man zu saurer Milch eine Subftanz, welche die Milchſäure aufnimmt, ſich mit ihr verbindet, und ſie dem Käſeſtoff entzieht, ſo hat man dadurch ein Mittel, einmal milchſaure Verbindungen zu gewinnen, andrerſeits aber immer wieder neue Mengen von Milchzucker in Milchſäure um=zuändern und ſo größere Quantitäten von milchſauren Verbin=dungen darzuſtellen, aus denen alsdann leicht die Milchſäure iſolirt geſchieden werden kann. — Dieſer merkwürdige Proceß, nämlich die Umänderung des Milchzuckers der Milch in Milch=ſäure, wird nun noch ganz beſonders befördert, wenn wir der Milch ein Stück von dem vierten Magen, dem ſogenannten Labmagen des jungen Rindes, überhaupt der Wiederkäuer, zu=ſetzen; doch iſt es ganz beſonders die innerſte Haut des Ma=gens, die Schleimhaut mit ihrem Ueberzug, dem Epithelium, welche dieſe Erſcheinung hervorbringt; man kann aus dieſem Grunde den aufgeſchnittenen und gereinigten, auch ſchon getrock=neten Magen blos in Waſſer einweichen und mit dieſer Flüſſig=keit dieſelbe Wirkung hervorbringen, weil nämlich immer ein Theil der Schleimhaut und des Epitheliums durch das Waſſer abgelöst wird und mit demſelben ſich vermiſcht.

Nachdem wir nun die vorzüglichſten Eigenſchaften der Milch und deren einzelnen Beſtandtheile, wie es für unſern Zweck erforderlich iſt, kennen gelernt haben, wollen wir nun die Milch in ihrer Verwendung zu Butter und Käſe näher betrachten.

Die Gewinnung des Rahms oder der Sahne.

Wenn die Milch gemolken, durchgeſeiht und von ſämmtlichen Kühen zuſammen gemiſcht worden iſt, ſo hat dieſelbe, wenn die Anzahl der zu melkenden Stücke Vieh im Verhältniß zur Anzahl der Melkerinnen nicht zu groß und die äußere Lufttemperatur weder ſehr hoch noch ſehr tief iſt, gewöhnlich eine Temperatur von 15° —20° R. In dieſer Zeit reagirt die Milch ſehr ſchwach, zuweilen auch gar nicht ſauer. Sie wird nun in kleinere Gefäße ver=

theilt, welche von verschiedener Form und verschiedener Größe, und bald aus Holz, aus Thon oder Glas angefertigt sind. Diese Gefäße werden, mit Milch gefüllt, in einem eigens dazu eingerichteten Raume, dem Milchkeller, aufgestellt, wo die Temperatur der Milch bald auf die, wie sie im Milchkeller vorhanden ist, herabsinkt. Binnen einer gewissen Zeit, oft schon nach einigen Stunden, steigt ein Theil der Fettkügelchen, wegen ihrer größern Leichtigkeit, nach oben, und bildet an der Oberfläche der Milch eine dickere Schicht, die man Rahm oder Sahne nennt. Dieser Rahm enthält nicht allein eine viel größere Anzahl Fettkügelchen als die Milch selbst, sondern es haben sich auch schon mehrere Fettkügelchen vereinigt, wodurch weit größere Kügelchen entstanden sind, als wir sie bei der Milch beobachteten. S. Tab. I. Fig. B. Während dieser Zeit wird jedoch auch schon ein Theil des Milchzuckers in Milchsäure verwandelt, allein die Säurung ist oft noch so gering, daß wir sie nur durch empfindliche chemische Mittel, durch die Anwendung des blauen Lackmuspapiers nachweisen können, und weder der Geschmack, noch eine Veränderung des Käsestoffs können uns von der Gegenwart der Säure in dieser Periode überzeugen. Wird nun in dieser Zeit die obere fettreichere Schicht der Milch abgenommen, so erhält man den sogenannten süßen Rahm. Die Säurung der Milch nimmt aber nun von Stunde zu Stunde zu, bis dieselbe mitunter schon nach 24 Stunden, gewöhnlich nach 48 bis 60 Stunden so groß geworden ist, daß wir sie nicht allein durch den Geschmack deutlich wahrnehmen, sondern auch eine Gerinnung des Käsestoffs beobachten, welche in der überhand genommenen Säurebildung begründet ist. Wir nennen nun die Milch in diesem Zustande vorzugsweise sauer, so wie auch der Rahm, welcher jetzt erst von der Milch gewonnen wird, saurer Rahm genannt wird.

Obgleich von den ersten Augenblicken an, wo die Milch

Behufs des Abrahmens in dem Milchkeller aufgestellt wurde, ein Theil des Fettes vermöge seiner Leichtigkeit nach oben stieg, und an der Oberfläche der Milch sich ansammelte, ohne daß ein besonderer Grad von Säureerzeugung nöthig war, so ist doch nicht zu leugnen, daß in dem Maaße, wie die Säurebildung zunimmt, auch eine größere Quantität Rahm sich bildet, bis denn endlich die Gerinnung des Käsestoffs einem weitern Ausscheiden der Fettkügelchen ein Hinderniß entgegen stellt, und somit die Bildung des Rahms gänzlich aufhören muß. Wir finden daher die abgerahmte saure Milch keinesweges frei von Fettkügelchen (s. Tab. I. Fig. D.), und in je kürzerer Zeit die Gerinnung des Käsestoffs stattfand, um so mehr wird derselbe noch Fett eingeschlossen enthalten, bis unter gewissen Umständen, wenn der Säurungsproceß sehr schnell erfolgte, gar kein Rahm sich bilden kann. Nach meinen Untersuchungen enthielt die abgerahmte saure Milch oft noch 1 — 1½ p. C. Fett. Trotz jener Erscheinung bin ich doch keinesweges der Ansicht, daß durch einen gewissen Grad der Säureerzeugung in der Milch, die Bildung des Rahms befördert wird, sondern ich halte sogar die Erzeugung der Milchsäure nicht nur für überflüssig für die Ausscheidung des Fettes und sonach für die Entstehung des Rahms, sondern sogar für nachtheilig, insofern die Quantität der Milchsäure so überhand nimmt, daß eine Gerinnung des Käsestoffs erfolgen kann. Wäre zur Bildung des Rahms ein gewisser Grad von Milchsäure nöthig, so dürfte sich derselbe nicht bilden, bevor nicht dieser Grad von Säure vorhanden wäre; so aber bemerken wir ja sehr oft, namentlich bei fettreicher Milch, eine große Menge des Rahms entstehen, ohne daß wir, selbst auf chemischem Wege, einen besondern Grad der Säurebildung wahrnehmen. Es ist Erfahrungssache, daß je mehr der Säurungsproceß der Milch verzögert werden kann, um so größer ist der Gewinn an Rahm; daher die große, oft peinliche Sorge

für Reinhaltung sämmtlicher Gefäße, worin die Milch aufbe=
wahrt wird, indem ja leicht durch schon vorhandene saure Milch
die Säurebildung der süßen Milch sehr befördert wird. —

Sind wir im Stande, auf irgend eine Weise die Bildung
der Milchsäure ganz zu hemmen, oder dieselbe in jedem Augen=
blick ihrer Entstehung zu fesseln, so daß sie gar nicht weiter auf
den Käsestoff einwirken kann, so müssen wir auch die größt=
möglichste Ausbeute an Rahm erhalten, die man überhaupt
durch mechanisches Ausscheiden des Milchfettes erhalten kann.
Wir können dieses und besitzen die Mittel hierzu in solchen
Substanzen, die wir Basis nennen, d. h. die das Vermögen
besitzen, die Milchsäure zu sättigen, sich mit ihr so verbinden,
daß die Eigenschaften der Säure gänzlich erlöschen. Dabei
machen wir nun an solche Mittel verschiedene Ansprüche; ein=
mal dürfen sie der Milch sowohl, als dem Zweck derselben
durchaus nicht nachtheilig sein, andrerseits aber muß die Ver=
bindung, die durch sie mit der Milchsäure entsteht, nicht allein
denselben Anforderungen vollständig genügen, sondern wir müs=
sen auch dieselbe Verbindung in der Milch bereits vorfinden,
damit wir durchaus nichts Fremdartiges dadurch in der Milch
erzeugen. Wir bemerkten schon oben, daß außer Fett, Käse=
stoff, Milchzucker und Wasser, stets noch gewisse Salze in der
Milch vorkommen; diese Salze sind Verbindungen von zwei
verschiedenen Substanzen, wovon wir die eine Säure, die an=
dere dagegen Basis nennen; unter diesen Salzen sehen wir auch
milchsaures Natron, eine Verbindung, wovon der eine Theil
die bekannte Milchsäure, der andere dagegen das Natron ist;
werden wir nun nicht durch einen Zusatz von Natron zur Milch,
allen jenen erwähnten Anforderungen entsprechen? — Es ist
vollkommen hinreichend, ja sogar zweckmäßig, anstatt des freien
Natrons kohlensaures Natron oder Soda zu nehmen, indem die
erzeugte Milchsäure der Milch nähere Verwandtschaft zu dem

Natron hat, als die Kohlensäure, diese letztere daher austreibt, und da diese eine Luftart ist, so wird sie sogleich aus der Flüssigkeit entweichen, ohne nachtheilige Folgen zu hinterlassen. Zahlreiche Versuche haben mich überzeugt, daß 1 p. C. des kohlensauren Natrons oder der Soda, welches in der doppelten Menge Wassers vorher aufgelöst war, und hierauf der Milch zugesetzt, wobei das Ganze gut umgerührt wurde, hinreichte, um die Ausscheidung des Fettes und die Erzeugung des Rahms so zu bewerkstelligen, wie es überhaupt in der Praxis möglich ist. Es ist überraschend, mit welcher Schärfe das Fett von den übrigen Bestandtheilen sich absondert, die unter dem Rahme befindliche Flüssigkeit, welche selbst nach 4 Tagen noch immer dünnflüssig ist, ist noch so wenig weiß und trübe, daß man glauben sollte, es sei jede Spur von Fett daraus entfernt, und in der That erblickt man auch nur noch unter dem Mikroscop hie und da einmal ein Fettkügelchen. S. Tab. I. C. — Versuchen wir noch einmal eine kurze Wiederholung des eben Gesagten über Rahmerzeugung der Milch: Die Milch, nachdem sie gemolken ist und in Gefäßen ruhig hingestellt wird, setzt einen Theil ihres Fettes auf der Oberfläche als Rahm ab. Mit der Rahmbildung beginnt auch sogleich die Erzeugung der Milchsäure, und zwar auf Kosten des Milchzuckers durch die Vermittelung des Käsestoffs: Beide Processe aber, die Rahmbildung und die Erzeugung der Milchsäure, finden unabhängig von einander statt. So lange die Milch dünnflüssig ist, wird sich auch immer mehr und mehr vom Fett ausscheiden können, mit andern Worten, die Quantität des Rahms wird sich vermehren. Ist aber erst die Säureerzeugung so weit vorgeschritten, daß der Käsestoff gerinnt und die Milch dickflüssig ist, so kann sich wenig oder gar kein Fett mehr ausscheiden, und dasjenige, was nicht als Rahm auf der Oberfläche der Milch vorhanden, muß dem geronnenen Käsestoff verbleiben. Der so gewonnene Rahm wird saurer Rahm genannt, zum Unterschied von dem, welcher zu der Zeit gewonnen wird, wo die Bildung der Milchsäure noch nicht so merklich vorgeschritten ist, und welcher süßer Rahm genannt wird. Im Grunde genommen unterscheiden sich beide Rahme durch die Säurequantitäten, welche bei ihrer Gewinnnng zur Zeit in der Milch vorhanden waren. Da der Rahm nicht das reine Milchfett ist, sondern nur ein Gemenge, worin eben so noch dieselben Bestandtheile vorkommen, wie wir dieselbe in der Milch beobachten, nur daß in dem Rahm eine größere Menge Fett vorhanden ist, so müssen wir auch die Veränderungen, welche während der Rahmbildung in der Milch vor sich gingen, auch bei dem Rahm beobachten; und war der Käsestoff der Milch so weit sauer, daß er bereits geronn, oder war derselbe der Gerinnung nahe, so sehen wir auch bei dem Rahm, der um diese Zeit gewonnen wird, entweder schon den geronnenen Käsestoff vorhanden, oder wir sehen doch mindestens bei einer geringen Erwärmung des Rahms eine Gerinnung desselben erfolgen. Je langsamer der Säurungsproceß der Milch erfolgt, um so mehr kann sich Rahm erzeugen; wenn wir daher der Milch eine Substanz zusetzen, welche, wenn sie auch die Bildung der Milchsäure nicht verhindert, doch wenigstens die Säure in jedem Augenblick der Entstehung so bindet, als wenn diese gar nicht vorhanden ist, so müssen wir diejenige Quantität Rahm aus der Milch gewinnen, die unter solchen Umständen gewonnen werden kann. Das kohlensaure Natron oder die Soda, wenn es in Wasser aufgelöst ist und der Milch zugesetzt wird, bindet die freie Milchsäure; es entsteht milchsaures Natron, ein ganz indifferenter Körper, und die Kohlensäure entweicht. Da jedoch die Soda die Bildung der Milchsäure nicht aufhebt, sondern durch ihre Verbindung mit derselben die Milchsäure nur unschädlich macht; da ferner eine gewisse Quantität Soda auch nur eine gewisse Menge Milchsäure binden und unschädlich machen kann, so wird mit der Zeit die Wirkung der Soda ganz erlöschen müssen; und es wird ein Punct eintreten, bei dem die Säuerung der Milch wieder so vor sich gehen wird, wie bei der Milch, welcher gar keine Soda hinzugesetzt worden. Um die möglichst größte Menge von Rahm zu gewinnen, oder die Gerinnung des Käsestoffs so weit hinauszuschieben wie möglich, würde es zweckmäßig sein, eine große Quantität Soda der Milch hinzuzusetzen; allein es würde unnütz sein und die Anwendung der Soda kostspielig machen, wollte man mit einem größern Verbrauch derselben Zeit gewinnen. Diejenige Quantität von Soda, welche im Stande ist, den Säurungsproceß der Milch, namentlich die Gerinnung des Käsestoffs 4—5 Tage aufzuhalten, ist vollkommen hinreichend, um uns alle Vortheile genießen zu lassen. Nach meinen Untersuchungen repräsentirt 1 Procent vollständig diese Quantität, und nur im Sommer bei sehr heißer Witterung sind $1\frac{1}{2}$ p. C. nöthig. Das entstandene milchsaure Natron ist durchaus der Milch nicht fremd, und würde selbst dann noch, wenn es nicht durch Waschen aus der, auf diese Weise gewonnenen Butter und Käse leicht entfernt werden könnte, keinesweges die Eigenschaften der Letztern beeinträchtigen.

Nach diesen Betrachtungen wollen wir nun noch weiter die Vortheile untersuchen, welche außerdem aus der Anwendung der Soda zur Rahmbereitung hervorgehen.

1) Es bedarf nun nicht mehr der großen Anzahl kleiner Gefäße, sondern es können Gefäße von 100—200 Ort. und darüber angewendet werden, so wie es jedesmal die Quantität Milch, welche bei jedesmaligem Melken sämmtlicher Kühe erhalten wird, erfordert.

2) Das Material, aus welchem die Gefäße verfertigt sind, ist ganz gleichgültig, desgleichen auch die Form der Gefäße.

Fässer aus weichem Holz, welche zweimal ihren Durchmesser zur Höhe haben, und unten einige Zoll vom Boden entfernt, mit einem gewöhnlichen hölzernen Hahne versehen sind, damit der Rahm nicht abgeschöpft zu werden braucht, sondern die unter dem Rahm sich befindliche Flüssigkeit leicht abgelassen werden kann, entsprechen ganz dem Zweck. Außerdem können noch diese größern Gefäße weit eher mit einem Deckel versehen werden, und sonach kann die Milch gegen Staub und andere Unreinigkeit geschützt werden.

3) Ist ein Local, worin es im Winter nicht friert, als Milchlocal vollkommen ausreichend, mag sich nun das Local befinden, wo es nur immer will, denn die hohe Temperatur des Sommers ist unter diesen Umständen ganz ohne Nachtheil.

4) Man spart an Arbeitskräften, denn die Reinigung einiger großen Gefäße und die des Milchlocals ist nun weit schneller und leichter zu bewerkstelligen; auch hat man die oft peinliche Sorge auf die Reinigung selbst, nicht mehr zu verwenden, da bei Anwendung der Soda kleine Quantitäten von saurer Milch, die sich allerdings bei Nachlässigkeit in der Reinlichkeit erzeugen kann, von keinem Einfluß sind. Endlich

5) erhält man diejenige Ausbeute an Rahm, die man durch mechanische Ausscheidung des Fettes aus der Milch nur immer gewinnen kann.

Sind dies nun auch entschiedene Vortheile, welche sich bei Anwendung der Soda zur Rahmerzeugung herausstellen, so sind wir dessenungeachtet doch genöthigt, auch die Nachtheile zu berücksichtigen, welche unter diesen Umständen damit verbunden sind. Vor allen Dingen haben wir den Geldbetrag in Rechnung zu bringen, den die Anwendung der Soda erfordert, und diesen mit dem Fettgewinn zu vergleichen. Bei 1 p. C. der Soda würde die Quantität derselben auf 100 Preuß. Quart Milch, b s Quart Milch zu 80 Loth genommen, 2½ Pfund betragen.

Der Preis der krystallisirten Soda beträgt 1 Sgr. 6 Pf. pro Pfd., und sonach hätten wir einen baaren Verlag von 3 Sgr. 9 Pf. für 100 Ort. Milch. Auf 10 Ort. Milch habe ich vermittelst der Soda 5½ Loth Milchfett mehr erhalten, als ohne Anwendung derselben, 5½ Lth. Milchfett geben aber ungefähr 7 Lth. fertige Butter und dies auf 100 Ort. Milch berechnet, giebt 70 Loth oder 2 Pfund 6 Loth Butter Mehrertrag. Da der Preis der Butter sehr schwankend ist, so läßt sich auch nicht für alle Fälle der Reinertrag an Butter angeben; so viel kann man aber voraussehen, daß wohl nie der Preis der Butter eine solche Tiefe erreichen wird, wodurch der directe Gewinn durch die Anwendung der Soda aufgehoben wird. Bei dem Allen steht aber fest, daß die Preise beider, der Butter wie der Soda, die Anwendung Letzterer zur Butterbereitung mehr oder weniger benachtheiligen wird. — Die besondere Eigenschaft der Butter, gasförmige und riechende Substanzen sehr leicht aufzunehmen und zu firiren, eine Eigenschaft, welche bei der Butterbereitung oft sehr lästig wird, setzt nun auch beim Gebrauch der Soda einige Vorsicht voraus. Wenn es nun auch in den meisten Fällen gar keine Gefahr hat, so könnte es sich doch einmal ereignen, daß bei der Soda eine Substanz vorhanden ist, welche dem Rahm und so auch der Butter einen übeln Geruch und Geschmack mittheilen kann. Diesem zu begegnen, muß man sich stets vor der Anwendung der Soda von ihrer Reinheit unterrichten, und da dieses auf eine sehr einfache und leichte Art geschehen kann, so ist auch die Gefahr um so geringer. Die einzige, jedoch sehr seltene Beimengung der Soda, vor welcher wir uns in Acht zu nehmen haben, ist eine Verbindung des Schwefels mit Natrium, Schwefelnatrium genannt. Dasselbe zersetzt sich sehr leicht durch eine Säure, und es bildet sich bei dieser Gelegenheit eine Gasart, welche sehr übel riecht, ähnlich wie faule Eier, und Schwefelwasserstoff genannt wird. Bringt man

ein Stück blank geputztes Silber, z. B. einen silbernen Thee-
löffel in diese Gasart, oder in eine Flüssigkeit, worin sich etwas
von derselben aufgelöst hat, so wird sogleich die schöne blanke
Oberfläche des Silbers anlaufen und nach einiger Zeit ganz
braun werden. Durch diese Erscheinung ist man im Stande,
die kleinsten Mengen des Schwefelwasserstoffs nachzuweisen, und
wenn man daher von der Soda, welche man prüfen will, eine
Kleinigkeit in Wasser auflös't und zu dieser Auflösung so viel
reinen Essig hinzu setzt, als noch ein Aufbrausen stattfindet, so
kann man alsdann mit Hülfe eines geputzten silbernen Löffels,
den man nur in die Flüssigkeit eine Zeitlang hineinzulegen
braucht, sogleich die kleinste Menge dieser für unsern Zweck ge-
fährlichen Beimengung entdecken. Bleibt die schöne Oberfläche
des Silbers unverändert, so kann ohne Weiteres diese Soda
verwendet werden *). Außer dem Preise der Soda und ihrer
Reinheit in Betreff des Schwefelnatrium, haben wir auch noch
die Mühe und die Zeit, welche die Auflösung der Soda erfordern, in Rechnung zu bringen. Es darf nämlich die Soda nicht
in fester Gestalt der Milch zugesetzt werden, sondern sie muß
vorher aufgelöst werden; dieses geschieht am einfachsten und am
zweckmäßigsten dadurch, daß man jedesmal die nöthige Quantität Soda, welche zu jedem Melken verwendet werden soll, in
einem passenden Gefäße mit der doppelten Menge Wassers über-
gießt, und das Gefäß an einen warmen Ort hinstellt; wenn
man nicht gleich warmes oder heißes Wasser bei der Hand hat,
hierauf öfters umrührt, bis sich die Soda vollständig aufgelöst
hat. Die Auflösung enthält aber noch eine Menge fremder Bei-
mengungen, welche nur dadurch entfernt werden können, daß

---

*) Es bedarf wohl kaum der Erwähnung, daß diese Prüfung, wenn
man immer wieder von derselben Soda Gebrauch macht, auch nur einmal zu geschehen braucht.

man Erstere durchseiht; dies geschieht auf eine sehr einfache Weise, indem man ein Stück Leinewand, die nicht zu grob sein darf, auf einen viereckigen Rahmen, an dessen Ecken hervorragende Nagelspitzen befindlich sind, ausspannt, und diesen Apparat auf ein passendes leeres Gefäß legt; oder was noch bequemer und einfacher ist, man legt ein Stück Leinewand in einen von verzinntem Eisenblech verfertigten und vorher gut gescheuerten Durchschlag, so wie er in jeder Küche angetroffen wird, und seiht dadurch die Auflösung. — Die Flüssigkeit, welche zurückbleibt, nachdem der Rahm durch Soda aus der Milch gewonnen wurde, wird entweder zu Käse benutzt oder als Viehfutter verwendet; in beiden Fällen aber will man den Käsestoff in geronnenem Zustande haben, und da er unter diesen Umständen sich noch aufgelöst befindet, so müssen Anstalten getroffen werden, um denselben gerinnen zu machen. Würde man die Flüssigkeit eine Zeitlang sich selbst überlassen, so geschieht es allerdings, daß nach und nach so viel Milchsäure erzeugt wird, wodurch nicht allein das noch vorhandene kohlensaure Natron gesättigt wird, sondern auch der aufgelöste Käsestoff nach und nach ausgeschieden wird; es findet dasselbe statt, wie bei der sauern Milch, von welcher der Rahm entfernt ist. Allein hierzu würden mehrere Tage erforderlich sein, und es ist leicht einzusehen, daß in einigermaßen bedeutenden Molkereien eine nicht unbedeutende Menge von Flüssigkeit zu diesem Zweck aufgespeichert werden muß. Dies ist zum Theil sehr unbequem und setzt uns auch außer Stand, von dem Käse nach unserm Belieben Gebrauch zu machen. Man begegnet aber sogleich diesem Uebelstand, wenn man so viel Essig der abgerahmten Flüssigkeit zusetzt, als nicht allein zur Abstumpfung der Soda erforderlich ist, sondern auch zur Fällung des Käsestoffs hinreicht. Bemerkten wir zwar oben beim Käsestoff, daß derselbe im geronnenen Zustande von keiner Säure, außer nur von der Essigsäure, aufgelöst werde, so gilt dies doch nur dann, wenn der Käsestoff erst so viel Säure aufgenommen hat, als zu seiner Fällung erforderlich ist; nur dann erst löst ein neuer, ziemlich großer Zusatz von Essigsäure den geronnenen Käsestoff wieder auf. Man hat also hier beim Zusatz von Essig, der doch nur eine verdünnte Essigsäure ist, wenig oder gar keine Auflösung des Käsestoffs zu befürchten, selbst dann nicht, wenn der Essig in einem größern Maße zugesetzt würde, als zur Erreichung des Zwecks nothwendig ist. Aber den Geldbetrag würden wir noch in Rechnung zu bringen und die Auslagen für den Essig denen, die mit der Anwendung der Soda verbunden sind, hinzuzufügen haben. Im Ganzen genommen bedarf es nur einer geringen Quantität Essigs, um seinen Zweck vollständig zu erreichen, und je älter die abgerahmte Flüssigkeit ist, um so geringer braucht die Quantität des Essigs zu sein, nichts desto weniger muß aber selbst die kleinste Menge in Rechnung gebracht werden.

Hat man die erforderliche Menge Soda aufgelöst, ist die Auflösung durchgeseiht, so wird diese ohne Weiteres der Milch zugesetzt und das Ganze mit einem hölzernen flachen Stabe gut umgerührt; hierauf wird das Gefäß mit einem Deckel verschlossen und an einem solchen Orte aufgestellt, wo es gegen mechanische Störungen geschützt ist. Die Ausscheidung des Fettes oder die Bildung des Rahms erfolgt nun, und ist mit 48 Stunden gewöhnlich vollendet; giebt man dagegen der Bildung des Rahms 72 Stunden Zeit, so kann man überzeugt sein, daß man nun die größte Ausbeute an Rahm erhalten hat, die man nur immer auf diesem mechanischen Wege erhalten wird. Die Temperatur der Milch und die der Umgebung sowohl, als auch die besondere Beschaffenheit der Milch selbst, können den Proceß der Rahmerzeugung befördern oder aber auch verzögern, und aus diesem Grunde darf uns die Zeit nicht als Maaßstab gelten für die vollständige Erreichung unseres Zweckes. Es ist daher nothwendig, wollen wir Herr der Operation sein, daß wir von Zeit zu Zeit die Flüssigkeit prüfen, und dies geschieht nicht etwa dadurch, daß wir die Oberfläche der Flüssigkeit auf ihren Rahmgehalt untersuchen, sondern indem wir das Gefäß ganz unangerührt und nur mittelst des Hahnes einige Loth der Flüssigkeit in ein Glas abfließen lassen. Die Farbe der Flüssigkeit zeigt es nun ganz deutlich, wie weit der Proceß vorgeschritten ist, denn je durchscheinender die Flüssigkeit ist, je ähnlicher sie den Molken wird, um so mehr können wir überzeugt sein, daß wir unser Ziel erreicht haben. — Schon diese Annehmlichkeit, die Rahmerzeugung von Stunde zu Stunde verfolgen zu können, diesen Proceß so ganz in seiner Gewalt zu haben, muß jedem denkenden Landwirth die Ueberzeugung geben, daß die Anwendung der Soda große Vorzüge hat; und doch sind diese noch nicht die einzigen und größten Vorzüge, welche die Anwendung der Soda vor der gewöhnlichen Methode besitzt. — Wie wir vorhin bemerkten, können Temperatur und Beschaffenheit der Milch die Rahmerzeugung, so wie wir dieselbe als die vortheilhafteste betrachten, in etwas verzögern, und zu dem Ende ist es nöthig, daß man sich auf 3 Tage mit passenden Gefäßen versorgt. Es würden sonach, da für jeden Tag 3 Fässer nöthig sind, nämlich für die Morgenmilch, Mittagsmilch und Abendmilch jedesmal eins, 9 Fässer für 3 Tage erforderlich sein. Daß diese Fässer von gewöhnlichem weichen Holze sein können, und daß sie mit Deckeln verschlossen werden, haben wir bereits erwähnt, auch haben wir über die Form derselben gesprochen. Die Hähne sind ebenfalls von Holz, und die Fässer müssen nothwendigerweise auf einem Gerüste stehen, das wenigstens so hoch ist, damit man einen Eimer, oder ein anderes derartiges Gefäß, mit Bequemlichkeit unter den Hahn stellen und so die Flüssigkeit nach Belieben abzapfen kann. Der Hahn selbst ist so nahe wie möglich dem Boden des Fasses angebracht. Vor dem ersten Gebrauch werden die Fässer einige Tage mit Wasser angefüllt, worin etwas Soda aufgelöst ist, damit Alles das, was der Milch und dem Rahm einen Beigeschmack geben könnte, entfernt werde; im Verlaufe eines fernern Gebrauchs ist dagegen das Reinigen mit Wasser vollkommen hinreichend. — Da sich der Rahm unter solchen Umständen sehr scharf von der darunter befindlichen Flüssigkeit abscheidet, so kann man auch so ziemlich die Flüssigkeit vollständig ablaufen lassen, doch ist es rathsam, um jeden möglichen Verlust an Rahm zu vermeiden, einen kleinen Theil der Flüssigkeit bei dem Rahm zu lassen, und den Hahn zu schließen, wenn vielleicht die Schicht der Flüssigkeit unter dem Rahme noch einige Zoll beträgt. Es ist diese Quantität Flüssigkeit dem Rahme bei der Butterbereitung durchaus nicht hinderlich, man ist sogar genöthigt, die Menge der Flüssigkeit dadurch zu erhöhen, daß man, nachdem der Rahm aus dem Fasse entfernt ist, dasselbe mit reinem Wasser nachspült, um so die letzte Spur von Rahm zu erhalten. Sollte wider Vermuthen die Ausscheidung des Fettes in den oberen Schichten der Flüssigkeit nicht so erfolgt sein, wie zu erwarten stand, ist die abgezapfte Flüssigkeit, noch ehe dieselbe, so weit es Noth thut, entfernt ist, zu weiß an Farbe, so hält man mit dem Abzapfen inne und läßt dem Fette noch einige Stunden Zeit, um sich vollends ausscheiden zu können. Man kann auch die vollendete Bildung des Rahms daran erkennen, daß man die Rahmschicht an irgend einer Stelle mit einem flachen Instrumente, (ein gewöhnlicher Löffel ist schon hinreichend) aus einander bringt, in welchem Falle alsdann die untersten Schichten anstatt weiß, milchähnlich zu sein, fast farblos sind.

Der Rahm, welcher vermittelst kohlensauren Natrons gewonnen wird, ist niemals sauer, wenn nicht während seiner Entstehung die Bildung der Milchsäure in der Milch so weit vorgeschritten war, daß sämmtliches kohlensaure Natron nicht allein abgesättigt wurde, sondern auch noch außerdem eine gewisse Menge von Milchsäure sich mehr erzeugt hatte. Dieser Fall kann nämlich eintreten, wenn die Lufttemperatur sehr hoch ist, wie es in heißen Sommertagen sich häufig ereignet. Unter solchen Umständen ist man wohl einmal genöthigt, statt 1 p. C. 1½ p. C. des kohlensauren Natrons der Milch hinzuzusetzen; dessenungeachtet kann aber doch die Säurebildung so überhand nehmen, daß schon nach 36 Stunden, mitunter auch schon nach 24 Stunden die Milch geronnen ist. Findet dieses statt, was sich leicht an dem Verhalten der Milch und durch blaues Lackmuspapier beurtheilen läßt, so kann natürlich die nun dickgewordene Flüssigkeit unter dem Rahme nicht abgelassen werden, sondern der Rahm muß mittelst eines Löffels abgenommen werden. Die Ausbeute an Rahm aber wird bei dieser Gelegenheit durchaus nicht beeinträchtigt, indem selbst in dieser kurzen Zeit durch Hülfe des kohlensauren Natrons das Milchfett sich fast vollständig ausgeschieden hatte, wie dieses in Fig. E. Tab. I. zu ersehen ist, wo a. a. den geronnenen Käsestoff darstellt, die Kügelchen aber das Milchfett repräsentiren. Nur in diesem Falle ist der vermittelst Soda gewonnene Rahm dem, auf gewöhnliche Weise erhaltenen sauren Rahme gleichzustellen. So lange aber das kohlensaure Natron noch vorwaltet, so lange ist der Rahm noch nicht im mindesten sauer, und er übertrifft in dieser Beziehung jeden andern Rahm, mag dieser auch noch so süß genannt werden, denn wir wissen, daß die Milch, sobald sie gemolken, stets einem Säuerungsproceß unterworfen ist; mag dieser auch noch so langsam vor sich gehen. — Hieraus würde man nun folgern müssen, daß die Methode, vermittelst Soda den Rahm zu gewinnen, nun auch vortheilhaft sei, wenn wir denselben als süßen Rahm zu andern Zwecken als zur Butterbereitung verwenden wollen. Allein dem ist nun leider nicht so; das freie kohlensaure Natron, was doch noch immer, so lange der Rahm noch nicht sauer geworden, vorhanden sein muß, wirkt, wenn ein solcher Rahm erhitzt wird, zerlegend auf andere Bestandtheile des Rahms, besonders auf Ammoniakverbindungen desselben ein, und erzeugt dadurch einen unangenehmen Geruch und Geschmack; verwenden wir den Rahm zur Butterbereitung, so kann von diesem Nachtheil nicht die Rede sein, da ja, wie wir dieses weiter unten besprechen werden, der Rahm zu diesem Zwecke stets wieder sauer wird, und sonach die Soda ganz außer Wirkung tritt. Allein bei der Verwendung desselben als sogenannten süßen Rahm, können wir die Soda nur durch eine Säure aufheben, sei diese nun Milchsäure oder Essigsäure; dadurch erhalten wir aber durch einen Ueberschuß der Säure, welcher gar nicht zu vermeiden ist, sauren Rahm, und mit diesem eine Gerinnung des Käsestoffs, überhaupt alle die Nachtheile, die wir ja mit der Anwendung des süßen Rahmes vermeiden wollen. Um also süßen Rahm zu gewinnen, den wir zu Getränken, wie z. B. zum Kaffee u. s. w. verwenden können, und dessen Gewinnung in heißen Sommertagen oft gar nicht möglich ist, und häufig Veranlassung giebt, die Stirn, selbst der liebenswürdigsten Hausfrau, schon am Morgen in Falten zu ziehen, müssen wir solche Mittel anwenden, die einmal den Säurungsproceß der Milch verzögern oder verhindern können, und die zweitens weder den Geschmack nach den Geruch des Rahmes benachtheiligen, noch überhaupt eine Wirkung auf den Rahm ausüben. Es ist in der That schwer, eine Substanz zu finden, die allen diesen Anforderungen genügen kann; ich habe mir viel Mühe gegeben und es sind meinerseits viele Versuche angestellt, die jedoch nicht das Resultat gaben, was ich wohl wünschte. Setzt man der Milch, um den Säuerungsproceß oder die Gerinnung derselben zu verhindern, um einen solchen Rahm oder eine solche Sahne zu gewinnen, die weder für sich geronnen, noch während des Erhitzens gerinnt,

kohlensauren Kalk (weißen fein gepulverten Marmor) oder koh=
lensaure Magnesia hinzu, zwei Substanzen, die an und für
sich ganz geschmacklos, ohne alle Einwirkung auf die übrigen
Bestandtheile sind, und nur dann in der Milch sich auflösen,
wenn sie sich mit der Milchsäure verbunden haben, und selbst
in diesem Zustande nicht im mindesten auf den Geschmack und
den Geruch des Rahmes einen nachtheiligen Einfluß haben, so
würde man vollkommen seinen Zweck erreichen, wenn unter sol=
chen Verhältnissen die Milchsäure im Stande wäre, die Koh=
lensäure dieser beiden Verbindungen auszutreiben und sich mit
der Kalkerde oder der Magnesia anstatt der Kohlensäure zu ver=
binden, ganz so, wie wir dieses bei dem kohlensauren Natron
oder der Soda beobachten. Da dieses aber nicht der Fall ist,
so steht man leicht ein, kann uns ein Zusatz von diesen kohlen=
sauren Erden die Milch vor dem Sauerwerden nicht schützen.
Wir müssen also immer wieder unsere Zuflucht entweder zu den
kohlensauren Alkalien, wie Soda oder Pottasche, nehmen, oder
wir setzen der Milch eine Substanz hinzu, die zwar einen un=
angenehmen Geruch und Geschmack hat, die aber außerdem,
daß sie die entstehende Milchsäure vollständig bindet und so
eine Gerinnung der Milch verhindert, beim Erhitzen der Milch
oder des Rahmes vollständig entweicht. Diese Substanz ist
Ammoniak oder Salmiakgeist; einige Tropfen von dieser Flüs=
sigkeit, 20—30 Tropfen reichen auf ein Quart Milch aus, sind
im Stande die Milch auf kürzere oder längere Zeit vor dem
Gerinnen zu schützen, das gebildete milchsaure Ammoniak bleibt
zwar aufgelöst, und aus diesem Grunde wird der Rahm, wie
auch die übrige Milch dasselbe enthalten; da aber diese Verbin=
dung einen Bestandtheil der Milch bereits ausmacht, so ent=
steht weiter kein Nachtheil, als daß dieser Bestandtheil etwas
vermehrt wird, denn das überschüssige Ammoniak ist bei der
Kochhitze des Rahmes und der Milch flüchtig, und kann als=

dann eine Veränderung derselben nicht weiter hervorbringen. Wagt man jedoch das Ammoniak nicht anzuwenden, weil man sich vielleicht an den Geruch desselben stößt, so gebrauche man das kohlensaure Natron oder das kohlensaure Kali, aber nicht die gewöhnliche Soda oder Pottasche, aus den schon oben erwähnten Gründen, sondern das doppelt kohlensaure Natron oder Kali. Diese Verbindungen nämlich haben die besondere Eigenschaft, daß sie einen viel angenehmern Geschmack besitzen als die einfachen kohlensauren Verbindungen, und daß sie ferner auch, wenn sie mit der Milch oder der Sahne erhitzt werden, auch nicht im mindesten den Geschmack und den Geruch derselben verändern. Allein bei der gewöhnlichen Temperatur findet eine Verbindung der Milchsäure mit dem zweifach oder doppelt kohlensauren Natron oder Kali doch nur sehr langsam statt, und wenn wir diese Substanzen der Milch zusetzen, um diese vor dem Gerinnen zu schützen, so erreichen wir unsern Zweck sehr unvollkommen. Weit sicherer und wirklich überraschend ist die Wirkung dieser Substanzen, wenn man geradezu den bereits sauer gewordenen Rahm erhitzt und unter fleißigem Umrühren und Quirlen so viel von diesen Substanzen zusetzt, bis rothes Lackmuspapier schwach blau gefärbt wird; ist dieses erreicht, so kann man überzeugt sein, daß aus der sauern Sahne die schönste süße geworden ist, die im Wohlgeschmack von keiner andern Sahne übertroffen wird. Es kann uns dies auch weiter gar nicht befremden, denn milchsaures Kali oder Natron machen ja ebenfalls Bestandtheile der Milch aus, und sie sind es ja gewiß auch, die nicht minder zu dem eigenthümlichen, angenehmen Geschmack der Milch beitragen; wir verunreinigen demnach die Milch oder den Rahm nicht im mindesten damit, sondern vermehren nur in etwas die schon vorhandenen Verbindungen; auch kann ein kleiner Ueberschuß dieser Verbindungen durchaus nicht nachtheilig sein, obgleich sie nicht flüchtig sind, indem sie nämlich nicht weiter zerlegend auf die übrigen Substanzen der Milch einwirken, und weil es ferner höchst wahrscheinlich ist, daß namentlich das zweifach kohlensaure Kali einen Bestandtheil der Milch ausmacht, während daß die Milch in den Brüsten oder im Euter der Kühe bereitet wird, um so die Milch, so lange sie sich im thierischen Körper befindet, vor dem Gerinnen zu schützen; denn alle Bedingungen, die zur Erzeugung von Milchsäure nöthig sind, sind ja, wenn erst die Milch abgesondert ist und nicht weiter aus den Brüsten entleert wird, in diesem Falle mehr vorhanden, als anderswo. Ist erst die Milch gemolken, dann bemerkt man in den meisten Fällen nichts mehr von der Gegenwart des zweifach kohlensauren Kali, indem es alsdann schon in milchsaures Kali umgeändert ist. Man sollte daher darauf bedacht sein, bei krankhaft saurer Beschaffenheit der Milch, dem Mutterthiere solche Kaliverbindungen zu geben, die sich in doppelt kohlensaures Kali innerhalb des Thierkörpers umändern und durch die Brüste zum Theil wieder entleert werden, wie z. B. essigsaures Kali, weinsteinsaures, citronsaures Kali u. dgl. Genug, wir sehen, daß wir bei Anwendung des zweifach kohlensauren Kali, um unsere saure Sahne wiederum in süße umzuändern, nichts anderes thun, als daß wir die Vorschrift der Natur befolgen, und zu dem Ende ist es am zweckmäßigsten, wenn wir von dieser Substanz ein oder auch zwei Loth in vier Theile warmen Wassers auflösen, und von dieser Auflösung theelöffelweise der sauren Sahne unter fortwährendem Kochen zusetzen, bis eben eine schwache Blaufärbung des rothen Lackmuspapier eintritt. Die Quantität des doppelt kohlensauren Kali richtet sich nach dem Grad der Säurung, so daß man kein bestimmtes Verhältniß angeben kann; gewöhnlich reicht $\frac{1}{4}$ Loth auf $\frac{1}{8}$ Maaß der Sahne aus. Auch darf man zum Aufkochen der Sahne ein nicht zu kleines Gefäß anwenden, weil die Flüssigkeit einigemale sehr aufschäumt.

3 *

Das Buttern.

Wie wir schon oben bemerkten, ist das Fett in der Milch in kleinen, mit bloßen Augen nicht wahrnehmbaren Kügelchen vorhanden, die beim Ruhigstehen der Milch, vermöge ihres geringern specifischen Gewichts sich nach der Oberfläche begeben, und hier in größerer Berührung häufig in einander fließen und größere Kügelchen bilden, wie dieses die Zeichnungen Fig. A. Tab. I., welche die Milch, und Fig. B. Tab. I., welche den Rahm mikroscopisch betrachtet, darstellen. Diese so in größerer Anzahl versammelten und wirklich auch vergrößerten Fettkügelchen, der Rahm oder die Sahne, können nun durch Schütteln oder durch eine andere ähnliche Bewegung der Flüssigkeit noch in eine nähere Verbindung gebracht werden, wodurch sie sich endlich zu größern Massen vereinigen und aus der Flüssigkeit als Butter sich ausscheiden. Die Butter ist das zu größeren und dichteren Massen vereinigte Milchfett, welches stets mit einer größern oder geringern Menge Käsestoff und Wasser innig gemischt ist. Die Vereinigung der Fettkügelchen geschieht ohne alle chemische Beihülfe, auf rein mechanischem Wege, und man kann eine Vereinigung derselben zu Butter schon in der Milch hervorbringen, ohne daß man erst die Bildung des Rahmes abzuwarten nöthig hat. Allein die Bereitung der Butter aus der Milch unmittelbar gelingt doch nur dann, wenigstens wird es nur mit Vortheil geschehen können, wo die Milch durch besondere Pflege der Kühe und durch kräftiges, milchergiebiges Futter auch fettreich genug ist. Erwägt man ferner, daß bei Bereitung der Butter aus der Milch unmittelbar einmal täglich gebuttert werden muß, und daß es in einigermaßen großen Molkereien bedeutender Vorrichtungen und Gefäße bedarf, um dergleichen Massen von Milch in Bewegung zu setzen, so sieht man leicht ein, daß die Bereitung der Butter auf diese Weise mit einigen Schwierigkeiten verbunden ist, Schwierigkeiten, die selbst durch die Vortheile, daß man einmal bei dieser Art der Butter der vielen kleinen Milchgefäße nicht bedarf, und daß zweitens eine größere Ausbeute an Butter damit vereinigt ist, nicht immer aufgewogen werden. Es hat sich nämlich herausgestellt, daß man von einer gewissen Quantität Milch, die unmittelbar zur Butterbereitung verwendet wird, eine größere Menge von Butter erhält, als wenn von derselben Quantität Milch der Rahm zur Butterbereitung genommen wird. Der Grund hiervon liegt aber nicht in einer besondern Beschaffenheit der Sahne, wodurch diese weniger tauglich zur Butterbereitung ist, als die Milch, sondern vielmehr darin, daß in dem Rahme bei Weitem nicht alles Fett vorhanden ist, was zu Butter verarbeitet werden kann, indem die abgerahmte Milch, wie wir dieses auch bereits an einer andern Stelle erwähnt haben, und aus Fig. D. Tab. I. ersichtlich ist, noch bedeutende Mengen von Fett enthält. Dieses Fett kommt uns natürlich, wenn wir die Milch nicht abrahmen, zu Gute. Allein diesen Vortheil, das Fett der Milch so vollständig wie möglich als Butter zu gewinnen, erhalten wir nun, wenn wir bei der Gewinnung des Rahmes das kohlensaure Natron in Anwendung bringen, und vermeiden dagegen die Nachtheile, denen wir begegnen, wenn wir die Milch, ohne sie abzurahmen, zur Butterbereitung verwenden. Außerdem aber ist der Rahm, der mittelst Soda gewonnen wird, von viel besserer Beschaffenheit; er ist ganz frei von niedern Pflanzengebilden, den sogenannten Algen und Schimmelarten, wie sie sich in großer Menge auf dem sauren Rahme bilden, und aus denen fast ganz die Decke desselben besteht. S. Fig. B. Tab. I., welches Rahm durch Soda gewonnen, und Fig. F. welches den sauren Rahm darstellt, und wo a. a. Algen vorstellen. Die Ausbeute von Butter hängt nun aber nicht blos allein vom Fettgehalt der Milch ab, sondern es ist auch zur bessern Ausscheidung des Fettes ein gewisser Grad von Säurebildung nöthig. Aus diesem Grunde erhält man von saurer Sahne die größte Menge an Butter, und man buttert deßhalb nicht aus süßer Sahne, sondern läßt da, wo man süße Sahne für die Butterbereitung gewinnt, diese doch erst einen solchen Grad der Säurung erlangen, daß sie der sauren Sahne gleichkommt und sich von dieser nur durch die Art der Gewinnung unterscheidet. So geschieht es z. B. in Hollstein. — Nur dann, wenn es sich mehr um einen größern Wohlgeschmack der Butter handelt, und weniger auf die Ausbeute gesehen wird, nur dann benutzt man den sogenannten süßen Rahm; allein stets wird ein großer Theil des Milchfettes unter solchen Umständen verloren gehen, und der flüssige Rückstand bei der Butterbereitung, die Buttermilch, wird bei Anwendung des süßen Rahmes von ganz anderer Beschaffenheit sein. So ist es denn nun auch mit dem Rahme der Fall, der vermittelst Soda gewonnen wird; auch von diesem erhält man, wenn er noch frisch ist, weniger Butter als vom sauren Rahme, ja noch weniger als vom süßen Rahme, denn im letztern ist doch schon ein gewisser Grad von Säurung vorhanden, wenn dagegen in dem durch Soda erhaltenen Rahme nur erst mit der Länge der Zeit eine Säurung eintritt. Es ist daher nothwendig, daß man dem vermittelst Soda gewonnenen Rahme, wenn das rothe Lackmuspapier die Gegenwart des noch freien Soda zu erkennen giebt, bevor derselbe zur Butterbereitung verwendet wird, eine Säure zusetzt, damit nicht allein die Soda abgesättigt werde, sondern auch ein anderer Theil der hinzugesetzten Säure zu einer vollkommenern Ausscheidung des Fettes beitragen kann. Vor allen Säuren, die man zu diesem Zweck verwenden kann, erhält nun diejenige den Vorzug, die schon in der Milch selbst vorhanden ist, nämlich die Milchsäure und man gewinnt diese sehr leicht und ohne Kosten, wenn man recht

saure abgerahmte Milch ein wenig erwärmt und alsbann durchseiht; die Flüssigkeit, die bekannten Molken, enthält die Milchsäure aufgelöst, und es wird nun von dieser Flüssigkeit dem
durch Soda gewonnenen Rahme eine solche Quantität hinzugesetzt, bis blaues Lackmuspapier schwach geröthet wird. Man
hat durchaus kein Bedenken zu tragen, daß durch einen größern
Zusatz von Molken, als gerade erforderlich ist, die Güte der
Butter beeinträchtigt werde; es wird nicht allein der größte
Theil der Milchsäure durch Auswaschen aus der Butter entfernt, sondern es trägt auch sogar ein Theil der Milchsäure
und des milchsauren Natron wesentlich zu dem eigenthümlichen
Wohlgeschmack der Butter bei; und wenn wir das Gegentheil
bei Anwendung des wirklichen sauren Rahmes beobachten, so
liegt die Schuld nicht an der Säure, sondern an den gleichzeitig erfolgten andern Veränderungen des Rahmes, wie wir dieses weiter unten aus einander setzen werden.

Wir haben schon einmal erwähnt, daß das Buttern in nichts
Anderem bestehe, als in einem Schütteln und Umrühren des
Rahmes oder der Milch, wodurch die kleinen Fettkügelchen ge-
geneinander geworfen werden, und indem das Mittel, der aufgelöste Käsestoff nämlich, welcher eine Vereinigung der Fettkügelchen hindert, zwischen den Kügelchen verdrängt wird, folgt
das Fett den Gesetzen der Anziehung und vereinigt sich zu größern Massen. Tritt erst die Anziehung des Fettes in Thätigkeit, haben sich nur erst kleine Gruppen von Fettkügelchen gebildet und zu größeren Massen vereinigt, so wachsen diese auch
in sehr Kurzem, in Folge der mit jedem Augenblick sich stei-
gernden Anziehung, zu immer größeren Massen, und ehe noch
einige Minuten vergangen sind, hat sich bereits fast alles Milchfett als Butter ausgeschieden und schwimmt in Klumpen auf
der übrigen Flüssigkeit. Bei einiger Aufmerksamkeit kann man
diesen Proceß im Großen wie im Kleinen sehr genau verfol-

gen; wenn nämlich Rahm von ziemlich dicker Beschaffenheit, mit großen Fettkügelchen, im Butterfaß oder in einer Flasche umgerührt und durcheinander geschüttelt wird, so bemerkt man, wie sehr bald dieser dicke Rahm dünn wird; er nimmt fast wie=der die Beschaffenheit der Milch an, und auch ganz natürlich, denn durch dieses Schütteln und Umrühren müssen die größern Fettkügelchen, welche sich bereits in dem Rahme gebildet hat=ten, in kleinere sich umändern, und durch die Gegenwart des noch aufgelösten Käsestoffs, werden diese Kügelchen eine Zeit=lang von einander entfernt gehalten. Allein nach und nach wird sich diese Erscheinung ändern; die Fettkügelchen werden von nun an durch jene mechanische Bewegung auch wieder in nahe Berührung gebracht, die Milchsäure findet Gelegenheit auf den noch aufgelösten Käsestoff einwirken zu können, er wird znm Theil coaguliren und unlöslich werden, die Fettkügelchen erhalten dadurch Gelegenheit sich unmittelbar berühren zu kön=nen, ihre Anziehung kann nun thätig werden, sie werden sich zu kleinen Massen vereinigen, die man nun auch schon an den Wänden des Gefäßes, an der Stange des Stößels u. s. w. mit bloßen Augen sehr deutlich beobachten kann; es wird nur noch eine sehr kurze Zeit vergehen, binnen welcher sich diese kleinen Massen zu größern vereinigen, und die Butter ist fertig! —

Man sollte vermuthen, daß bei dem Proceß des Butterns chemische Thätigkeiten in's Spiel kämen; allein nach meinen Untersuchungen bin ich nicht im Stande, außer der Einwirkung der Milchsäure auf den aufgelösten Käsestoff, noch andere der=gleichen Thätigkeiten nachzuweisen. Ganz besonders nimmt man an, daß bei der Butterbereitung die atmosphärische Luft, und von dieser das Sauerstoffgas eine wichtige Rolle spiele; allein ich habe vermittelst eines sehr einfachen Apparates, einer Flasche mit etwas langem Halse, eine Reihe von Versuchen angestellt, deren Resultate die Unrichtigkeit jener Annahme ganz außer

Zweifel stellen. Ich nahm ein und denselben Rahm, füllte die Flasche zur Hälfte damit an, und butterte zunächst mit atmosphärischer Luft; nachdem die Operation vollendet war, wurde eine gleich große Menge Rahm mit Wasserstoffgas gebuttert, hierauf mit Kohlensäure und endlich mit reinem Sauerstoffgase selbst. Ich fand in Betreff der Zeit der Butterbildung, in Betreff ihrer Consistenz, ihres Geschmackes und der übrigen Eigenschaften keinen wesentlichen Unterschied. Die Absorption der verschiedenen Gasarten verhielt sich ähnlich wie beim Wasser, so daß von der Kohlensäure die größte Menge verschluckt wurde; die Gasarten selbst waren nicht im Mindesten verändert. Eine Täuschung könnte hier um so weniger stattfinden, da einmal die Füllung der Flasche mit den verschiedenen Gasarten stets unter dem Rahme geschah, die Flasche vorher ganz mit demselben gefüllt war, und andrerseits die Flasche nicht allein durch einen gut schließenden Pfropfen unter Rahm hermetisch verschlossen wurde, sondern auch dadurch, daß der Hals der Flasche während des Butterns immer nach unten gehalten wurde, sperrte die Flüssigkeit die atmosphärische Luft vollständig ab. — Wäre nur ein kleiner Theil atmosphärischer Luft während der Operation in den Apparat eingedrungen, so wäre dieses bei der Untersuchung des Wasserstoffgases auf dessen Brennbarkeit sogleich entdeckt worden, indem sich alsdann Knallluft gebildet hätte. Hieraus geht aber auch hervor, indem die Letztere nicht beobachtet wurde, daß der Rahm nicht wohl vor der Operation eine wesentliche Quantität atmosphärischer Luft aufgenommen hatte, welche während der Operation einen chemischen Einfluß auf die Butter ausüben konnte; auch erhalten wir hierdurch den Beweis, daß die atmosphärische Luft bei der Buttererzeugung nicht nothwendig ist, und wenn während des Butterns atmosphärische Luft von der Flüssigkeit aufgenommen wird, so kann diese unmöglich chemisch wirken. — Es kann freilich nicht in

Abrede gestellt werden, daß das Milchfett von ganz anderer Beschaffenheit ist, welches erhalten wird, wenn Milch bei gelinder Wärme eingedampft wird, der trockene Rückstand mit Aether ausgezogen und hierauf der Aether verdampft. Dieses so erhaltene Milchfett gleicht allerdings, was seine physikalische Eigenschaften anbetrifft, wohin besonders Geschmack, Geruch, Farbe u. dgl. gehören, durchaus nicht der Butter, die aus derselben Milch gewonnen wird; allein hieraus folgt noch nicht, daß das Milchfett, während es als Butter aus der Milch geschieden ist, in seiner Grundmischung von jenem durch Aether erhaltenen verschieden sein muß. Das Milchfett nimmt, während es als Butter aus der Milch geschieden wird, durch die andauernde Bewegung, durch Umrühren und Schütteln, Wasser, Käsestoff und andere Bestandtheile der Milch mit auf, welche späterhin selbst durch anhaltendes Waschen aus der Butter nicht vollständig entfernt werden können. Hierdurch erhält das Milchfett eine so eigenthümliche Beschaffenheit, daß es mit jenem, durch Aether erhaltenen, bei einer oberflächlichen Betrachtung gar keine Aehnlichkeit zeigt, und um sich von der Wahrheit des eben Gesagten zu überzeugen, so nehme man etwas Schweinefett in einem halbflüssigen Zustande und rühre mit einiger Geschicklichkeit und Ausdauer eine kleine Quantität Wasser darunter; man wird finden, daß alsdann das Schweinefett eine ganz andere Beschaffenheit erlangt hat als vordem. Doch bedarf es kaum dieses Versuches; man vergleiche nur geschmolzene Butter, welche das Wasser und den Käsestoff zum größten Theil verloren hat, mit ungeschmolzener, und man wird leicht einsehen, wovon die eigenthümliche Beschaffenheit der Butter herrührt. Wenn wir nun auch einräumen müssen, daß die Erzeugung der Butter größtentheils von mechanischen Thätigkeiten abhängig ist, so können wir doch nicht alle Erscheinungen, die wir bei der Butterbereitung wahrnehmen, auf diesem Wege erklären, und wir sind genöthigt, diese Erscheinungen, auf die wir nicht minder unser Augenmerk zu richten haben, chemischen Einflüssen zuzuschreiben. Wir haben schon oben bemerkt, daß der Käsestoff der Milch, so lange dieselbe durch freie Milchsäure noch nicht geronnen ist, oder mit andern Worten, die Milch noch nicht dick geworden ist, im aufgelösten Zustande vorhanden ist, und daß dieser es ist, der die Vereinigung der Fettkügelchen verhindert. Da wir aber beim Buttern eine Vereinigung der Fettkügelchen bezwecken, so müssen wir die Wirkung des Käsestoffs aufzuheben suchen; dies gelingt aber nicht etwa durch bloßes Umrühren und Schütteln der Milch allein, sondern es muß auch in der Milch bereits eine gewisse Quantität freier Milchsäure vorhanden sein, die während des Butterns mit dem Käsestoff in die innigste Berührung kommt und denselben so verändert, daß er gerinnt und unlöslich wird. Nun aber bleibt stets, selbst wenn die Milch unter den gewöhnlichen Verhältnissen noch so sauer geworden ist, ein Theil des Käsestoffs aufgelöst, der sonach einer vollständigen Vereinigung der Fettkügelchen entgegen ist, und es darf uns nicht wundern, wenn der Rückstand der Butterbereitung, die Buttermilch, stets noch eine gewisse Quantität Milchfett enthält, die mit dem Grade der Säurung in einem gewissen Verhältnisse steht. S. Tab. I. Fig. G. und Fig. H. Aus diesem Grunde nun kann es für den Buttergewinn keinesweges vortheilhaft sein, wenn die Säurung der Milch oder des Rahmes noch nicht weit genug vorgeschritten war, und wir sehen daher auch überall da, wo es gebräuchlich ist aus sogenannten süßem Rahme oder unmittelbar aus süßer Milch zu buttern, daß man beiden Flüssigkeiten erst einen gewissen Grad der Säurung erreichen läßt. Man kann überzeugt sein, daß bei vollkommener Abwesenheit der freien Milchsäure eine Vereinigung der Fettkügelchen nur dann gelingt, wenn sehr viele vorhanden sind, und in diesem Falle wird die

Buttermilch noch so fettreich sein, daß sie süßer, abgerahmter Milch gleich gestellt werden kann. Es würde sonach bei der geringen Ausbeute an Butter, die unter diesen Umständen gewonnen wird, dieselbe sehr kostbar werden, und ich glaube nicht, daß der Wohlgeschmack dieser Butter um so viel besser ist, als diese dadurch theurer wird. Allerdings könnte alsdann die Butter= milch, die man bei Anwendung süßen Rahmes gewinnt, nach= dem dieselbe einen gewissen Säuregrad erlangt hat, von Neuem zum Buttern verwendet werden; allein wir müssen erwägen, daß je weniger Fett in der Milch vorhanden ist, um so länger das Buttern dauert, und daß wir endlich eine gewisse Quantität Fett als Buttermilch verlieren müssen, weil einmal die Berüh= rung der Fettkügelchen immer geringer wird, je weniger vor= handen sind, nnd weil zweitens stets eine Quantität Käsestoff aufgelöst bleibt. Es würde sich sonach nicht lohnen, wollte man wirklich aus süßer Sahne oder Milch buttern und die erste Quantität als vorzügliche, die zweite dagegen aus der sauren Buttermilch erhaltene, als eine minder gute Butter verbrauchen.

Man sollte nun meinen, nach dem, was wir über die Be= reitung und Entstehung der Butter bereits kennen gelernt ha= ben, daß man die größtmöglichste Menge Butter gewinnen würde, wenn man die Milch sauer und dick werden ließ, und ohne sie abzurahmen zum Buttern verbrauchte. Allein abgese= hen davon, daß es hierzu eines sehr großen Butterfasses und bedeutender Kraftanstrengung bedarf, um diese dicke Flüssigkeit in Bewegung zu setzen, es verhindert auch die zu große Menge des geronnenen Käsestoffs eine Vereinigung der Fettkügelchen; es ist dadurch das Buttern nicht allein mit größerm Zeitverlust verbunden, sondern man erhält auch nicht diejenige Ausbeute an Butter, die man erwarten sollte.

Um die Zeit, welche das Buttern erfordert, zu verkürzen, und die Kraftanstrengung, welche mit dieser Arbeit verbunden ist, zu vermindern, kurz, um die Butter schneller zu erzeugen, war ich der Meinung, daß es nur nöthig sei, eine gewisse Quantität fertiger Butter dem Rahme hinzuzuthun und nun die Operation des Butterns damit vorzunehmen. Ich stellte eine Reihe von Versuchen an, aber alle überzeugten mich, daß auf diese Weise jener Zweck nicht erreicht wird, denn es bedurfte derselben Zeit, um die Butter darzustellen, als wenn gar keine fertige Butter hinzugethan wurde. Eben so war es der Fall mit Schweinefett; auch bei diesem Fette glaubte ich, würde nun durch die Anziehung der größern Massen zu den kleinen Milch= fettkügelchen ein schnelleres Zusammenballen der Letzteren erfol= gen, allein vergebens. Hierauf nahm ich meine Zuflucht zu einem, bei der gewöhnlichen Temperatur flüssigen Fette, zu Baumöl und Mohnöl, indem ich die Ursachen des Mißlingens jener festern Fettarten in einer zu geringen Vertheilung suchte. Ich überzeugte mich nun zwar, daß eine Vertheilung des Oels durch das Buttern stattfand, ja die Oelkügelchen waren nach und nach zum Theil so klein wie die Milchfettkügelchen gewor= den, allein ein Zeitgewinn war mit dem Oelzusatze nicht ver= bunden, denn nur dann, nachdem die größte Vertheilung des Fettes geschehen war, entstand die Butter. — Es dürfen uns diese Erscheinungen nicht auffallen, wenn wir die Bedingungen erwägen, unter denen die Vereinigung der Milchfettkügelchen geschieht. Durch die innigste Vertheilung der vorhandenen Milch= säure wird der noch aufgelöste Käsestoff, der eine Vereinigung der Fettkügelchen nicht zuließ, verändert und unlöslich gemacht. Je größer die Oberfläche eines Körpers ist, um so größer wird dessen Anziehung sein; je kleiner daher die Fettkügelchen werden, um so größer wird alsdann ihre Anziehung zusammengenommen sein; es muß alsdann ein Punkt eintreten, wo sich dieselben zu einer ganzen Masse vereinigen. Aus diesem Grunde kann da= her der Proceß der Buttergewinnung nicht beschleunigt werden, so lange jene Bedingungen unerfüllt bleiben. Wäre dieses nicht der Fall, müßte nicht erst eine innige Vertheilung und Wirkung der Milchsäure abgewartet und eine gehörige Verkleinerung der Milchfettkügelchen hervorgebracht werden, so würden ja kaum einige Minuten nöthig sein, um fetten Rahm, in welchem man fast schon mit bloßen Augen die Fettmassen erkennen kann, in Butter umzuändern; allein wir finden, daß dieser Rahm während des Butterns erst wieder dünn wird, seine Fettkugeln müssen in Fettkügelchen umgeändert werden, bevor wir Butter daraus erhalten. Wir haben hiermit den klarsten Beweis, daß wir bei der Butterbereitung eine gewisse Zeit nicht missen können, denn darin liegt eben die Erfüllung jener Bedingungen.

Außer einem gewissen Säuregrade der Milch oder des Rahmes zur Butterbereitung, bedarf es nun auch einer vortheilhaften mechanischen Vorrichtung, um in der möglichst kürzesten Zeit eine vollkommene Bewegung und Zertheilung des Rahmes oder der Milch hervorzubringen. — So leicht auch bei kleinen Quantitäten des Rahmes jene Bewegung und Zertheilung erreicht wird; so schwierig ist dieses bei größern Quantitäten. Wir haben so vortreffliche Einrichtungen dieser Art, daß kaum noch etwas hinzuzufügen ist. — Bei allen diesen mechanischen Vorrichtungen, mögen sie nun durch Menschen, durch Thier- oder Elementarkraft in Bewegung gesetzt werden, haben wir unser Augenmerk besonders darauf zu richten, daß die Bewegung der zu butternden Flüssigkeit gleichmäßig und allenthalben geschieht; eine zu rasche Bewegung der Flüssigkeit ist nicht vortheilhaft. Von Nachtheil sind solche Vorrichtungen, wo die zu butternde Flüssigkeit in gleicher Richtung mit der Maschine selbst bewegt wird, und sonach wenig oder gar keinen Widerstand erleidet. Das Butterfaß oder die Buttermühle entsprechen vollkommen ihrem Zweck, wenn ein Theil desselben firirt ist; am zweckmäßigsten sind diejenigen, wo das Gefäß fest steht und der Stößel bewegt wird, oder was noch besser ist, eine Welle mit einer Anzahl von Flügeln um ihre Are bewegt wird.

Es können aber alle diese Bedingungen erfüllt, der nöthige Säuregrad des Rahmes kann vorhanden sein, der Rahm selbst kann in vorzüglicher Qualität sein, das Butterfaß läßt nichts zu wünschen übrig und dennoch entsteht keine Butter. Es müssen sonach noch Ursachen vorhanden sein, welche eine Vereinigung der Fettkügelchen zu Butter verhindern. — Untersuchen wir diese Ursachen, so finden wir, daß die Wärme eine sehr wesentliche Rolle bei der Butterbereitung spielt. Schon früher bemerkten wir, wie das Milchfett ein Gemenge von verschiedenen Fettarten sei, ein Gemenge, welches zunächst aus den drei Kardinalfettarten des Thier- und Pflanzenreiches bestehe, nämlich aus dem Stearin oder Talgstoff, dem Margarin und dem Olein oder Oelstoff; außerdem enthält das Milchfett noch einige besondere Fettarten, die aber für die Beschaffenheit der Butter von keinem so wesentlichen Einflusse sind, indem sie bei weitem den kleinsten Bestandtheil des Milchfettes ausmachen. Um so mehr ist dagegen die Consistenz der Butter von der Gegenwart jener drei Fettarten abhängig, und namentlich sind es das Olein, welches bei der gewöhnlichen Temperatur immer flüssig bleibt, und das Stearin, welches noch bei einer Temperatur von 55º R. fest ist, die die feste oder weiche Beschaffenheit der Butter bedingen. Da aber diese Fettarten in keinem bestimmten Verhältnisse in dem Milchfette vorkommen, da ferner ihre Entstehung mit den Nahrungsmitteln in einem sehr innigen Zusammenhange stehen, so wird denn nun auch die Butter bald fester, bald weicher sein, und aus diesem Grunde läßt sich auch kein bestimmter Schmelzpunkt der Butter angeben. Im Sommer, wo die Lufttemperatur sehr oft auf 25º R. steigt, wird die Vereinigung der Milchfettkügelchen, eben wegen der größern Flüssigkeit des Fettes, größern Schwierigkeiten unterworfen sein, als zu andern

Jahreszeiten; nimmt man noch hinzu, daß Grünfutter, beson=
ders junges Grünfutter zur Vermehrung des Oelstoffs beiträgt,
so darf es uns nicht wundern, wenn wir unter solchen Umstän=
den oft gar keine Butter gewinnen. Hier bleibt denn nun nichts
anderes übrig, als einmal in einem Lokale zu buttern, dessen
Temperatur nicht viel über 10° R. beträgt, dann aber zweitens
durch fleißiges Abkühlen mittelst Eises oder kalten Wassers die
Temperatur der Flüssigkeit so tief wie möglich zu bringen. Al=
lerdings erreicht man durch Hinzuthun von Eis seinen Zweck
am schnellsten, denn ist dasselbe erst gehörig in der Flüssigkeit
vertheilt, befinden sich allenthalben Stücken Eis, so wird die
Temperatur sehr schnell sinken. Allein ein kleiner Uebelstand ist
der, daß man Eis anwendet, welches aus unreinem Wasser,
Teich= oder Flußwasser entstand, und sonach bringt man eine
Menge von Unreinigkeiten in die zu butternden Flüssigkeit, welche
selbst bei einem sorgfältigen Waschen der Butter nicht ganz ent=
fernt werden können. Es möchte daher immer angemessener sein,
wenn man nicht besonderes reines Eis besitzt, um das Butter=
faß einen Mantel von Eisenblech anzubringen, der nicht zu enge
sein darf, damit man ziemlich große Stücke von Eis zwischen
ihm und dem Butterfasse aufschichten kann, und der unten einen
Boden hat, und in der Nähe des Bodens, an irgend einer
beliebigen Stelle mit einem Loche versehen ist, welches mit einem
Zapfen verschlossen werden kann, und zum Ablassen der Flüssig=
keit dient. Eine solche einfache Vorrichtung erfüllt ihren Zweck,
und kann, im Fall man ihrer nicht mehr bedarf, leicht bei Seite
gestellt werden. — Seltener hat man wohl mit dem entgegen=
gesetzten Uebel zu kämpfen, wo nämlich ein Vorwalten des Talg=
stoffs und eine zu niedrige Temperatur ebenfalls die Vereinigung
der Fettkügelchen erschweren; in diesem Falle kann man sich sehr
bald helfen, indem man ja nur eine Quantität heißes Wasser
der zu butternden Flüssigkeit hinzuzugießen braucht, und das

Lokal erwärmt, worin das Buttern geschieht. Nach meinen Untersuchungen sind 10° R. die schicklichste Temperatur zur Butterbereitung, und erhält man hierbei keine Butter, so liegt die Schuld außer derselben. —

Man hat, wohl mit Unrecht, eine Menge von Substanzen in Verdacht, welche mehr oder weniger der Buttererzeugung von Nachtheil sein, ja diese ganz verhindern sollen; allein Versuche, die ich in dieser Beziehung öfters anstellte, haben mich überzeugt, daß man auch hier zu weit gegangen ist, und wahrscheinlich oft dergleichen bloß benutzt hat, um die durch Nachlässigkeit und Faulheit erzeugten Fehler zu bemänteln. — So setzte ich dem Rahme ¼ seines Gewichts einer concentrirten Zuckerlösung hinzu, und erhielt in derselben Zeit, in welcher der reine Rahm Butter gab, die schönste, wohlschmeckendste Butter. Man kann sogar dadurch den Wohlgeschmack der Butter erhöhen, und es ist zweckmäßiger, obgleich mit Verlust verbunden, wenn man, anstatt den Zucker der fertigen Butter zuzusetzen, denselben dem zu butternden Rahme zusetzt. — Allerdings kann wohl, wenn so viel Zucker im Rahme vorhanden ist, daß das Ganze syrupähnlich wird, der Zucker die Vereinigung der Milchkügelchen hindern, allein dann müßte aber die Quantität des Zuckers mindestens das Doppelte des Rahmes betragen. — Wenn daher in eine Quantität Rahm von 50 Quart einige Loth, ja selbst einige Pfunde Zucker durch Zufall hineingelangen, so sind es gewiß diese nicht, welche eine Vereinigung des Fettes verhindern. — Eben so wie Zucker verhielten sich eine Auflösung von Gummi und von Leim. Auch ein Zusatz von Spiritus, wenn die Quantität desselben nicht bedeutend ist, ist ohne Nachtheil; deßgleichen auch Mehl und gekrümeltes Brod. Sollen diese Substanzen wirklich die Buttererzeugung verhindern, so reichen die Quantitäten, die zufällig durch Unreinlichkeit und Unvorsichtigkeit in den Rahm gelangen, gewiß nicht hin, und selbst ein absichtlicher Zusatz derselben möchte seinen Zweck nicht erreichen. Gefährlicher dagegen sind die kohlensauren, besonders aber die caustischen Alkalien, Asche und Lauge; denn diese wirken nicht mechanisch, sondern chemisch auf das Milchfett, und verseifen es. Seife ist aber in Wasser löslich, und so kann nun eine Vereinigung des verseiften Fettes nicht mehr stattfinden; es entsteht unter solchen Umständen, während des Butterns, eine große Menge Schaum, ähnlich als wenn man Seifenwasser stark durcheinander schüttelt. Auch ein Zusatz von Seife selbst bringt dieselben Erscheinungen hervor, indem nämlich einmal in jeder Seife schon freies Alkali vorhanden ist, zweitens aber sich während der Auflösung der Seife ebenfalls freies Alkali bildet, wodurch natürlich eine Veränderung des Milchfettes entsteht, die nicht vortheilhaft für die Buttererzeugung sein kann. Allein auch hierbei ist zu erwägen, daß kleine Quantitäten dieser Substanzen einen solchen nachtheiligen Einfluß, der in einem vollständigen Mißrathen der Butter besteht, nicht haben können. — So erhielt ich durch einen Zusatz von Seife, von Lauge, von Salmiakgeist u. s. w. stets Butter, obgleich dieselbe von käsiger Beschaffenheit war. — Rufen wir uns noch einmal das, was ich schon früher über die Vereinigung der Milchfettkügelchen zu Butter bemerkte, in's Gedächtniß zurück, so wird man finden, daß die Gegenwart der Milchsäure nöthig ist, wollen wir eine vollständige Vereinigung der Fettkügelchen hervorbringen und eine große Ausbeute an Butter erhalten. Kommen nun dergleichen Substanzen, wie Lauge, Asche, Seife, Salmiakgeist hinzu, so wird zunächst die Milchsäure gebunden, der schon geronnene Käsestoff wird wieder aufgelöst, zum Theil durch diese Substanzen selbst, und war die Quantität derselben von der Art, so werden sie nun auch verseifend und auflösend auf das Milchfett einwirken. Ist das Letztere der Fall, so ist die Gefahr größer, denn aus dem ein-

mal verseiften Milchfette kann man nicht mehr eine wohlschmek=
kende Butter bereiten. — Es ist zweckmäßig, wir möchten lieber
sagen: nothwendig, daß man sich von dem Zustande des Rah=
mes, vor dem Buttern und während desselben genau unterrichte,
um in dem Falle, wo die Butter in der bestimmten Zeit und
unter Befolgung der allgemeinen Regeln nicht entstehen will,
sogleich die geeigneten Maaßregeln nehmen zu können. Zu dem
Ende ist es nöthig, von dem mit Lackmus gefärbten Papiere,
was man in jeder Apotheke und in jeder Droguerie=Waaren=
handlung leicht bekommen kann, stets einen kleinen Vorrath zu
haben, um mit Hülfe eines Streifchens dieses Papiers den
sauren oder neutralen, oder auch den alkalischen Zustand des
Rahmes und der Milch untersuchen zu können. Man hat ro=
thes und blaues Lackmuspapier; das blaue überzeugt uns von
der Gegenwart einer Säure, wenn es von der Flüssigkeit, die
wir damit prüfen, roth wird, und je nach der schnellen Wir=
kung und der Intensität der rothen Farbe, werden wir leicht
beurtheilen können, wie groß die Quantität der vorhandenen
Säure ist; umgekehrt belehrt uns das rothe Lackmuspapier von
der Gegenwart eines Alkali, sei dasselbe frei oder mit Kohlen=
säure verbunden; dasselbe wird nämlich dadurch blau, und wie=
derum um so blauer, je mehr von diesen Substanzen vorhan=
den ist. — Sollte sich daher der Fall ereignen, daß unter sorg=
fältiger Behandlung des Rahmes dennoch die Butter sich nicht
bildet, so prüfe man nur sogleich mit diesem Papiere, und fin=
det man den Säuregehalt der Flüssigkeit zu schwach oder ist
derselbe gar nicht vorhanden, so setze man nur sogleich eine
ziemliche Quantität recht saurer Molken hinzu, so daß die Flüs=
sigkeit, nachdem sie gut umgerührt ist, das blaue Lackmuspapier
stark röthet; ein zu großer Zusatz von Säure schadet weniger.

Am allerwenigsten schadet der Zusatz eines Fettes oder eines
fetten Oeles. Ich habe dem Rahme verschiedene Quantitäten,

bis zu 10 p. C., an Schweinefett, Baumöl, Mohnöl u. s. w. zugesetzt, und erhielt stets Butter, die aber natürlicherweise, je größer die Quantität des Oeles war, auch eine um so weichere Beschaffenheit hatte. — Bei 3 p. C. des Oeles war jedoch der Unterschied in der Winterbutter noch nicht sehr bemerkbar, und es hatte diese Butter vor derjenigen, zu welcher kein Oel hinzugesetzt war, den Vorzug, daß sie bei Weitem nicht so fest und hart war, als es die Butter bei niederer Temperatur überhaupt zu sein pflegt. Es würde ein Zusatz von Oel mitunter zweckmäßig sein, besonders dann, wenn durch eine besondere Beschaffenheit des Futters der Talgstoff in dem Milchfette in weit größerer Menge vorhanden ist, als dies sonst der Fall ist; solche talgichte Butter ist nicht allein wegen ihres Geschmackes als auch wegen ihrer Consistenz wenig beliebt, und es kann daher ein passender Zusatz von Oel diese Butter brauchbarer machen. Dabei muß man sich aber sehr vorsehen; denn ist das Oel, sei es Baumöl, Mohnöl oder irgend ein anderes, nicht sehr rein, hat es im Geringsten einen Beigeschmack, so erhält auch die Butter diesen Geschmack, und wird dann um so weniger brauchbar. Da nun der Preis eines solchen ganz reinen und geschmacklosen Oels mindestens so hoch ist, als der der Butter, so sieht man leicht ein, daß kein anderer Gewinn mit dergleichen Zusätzen verbunden ist, als durch die veränderte Consistenz die Butter für den Gebrauch annehmlicher zu machen. Man wird sich wundern, warum wir nicht lieber der schon fertigen Butter, nachdem dieselbe gut ausgewaschen worden ist, das Oel hinzusetzen; allein abgesehen davon, daß dieses weit mühseliger ist und große Schwierigkeiten hat, es wird nie auf diese Weise eine so innige Vertheilung des Oeles geschehen können; auch erleidet durch den Proceß des Butterns das Oel dieselbe Veränderung wie das Milchfett selbst, es vereinigt sich nicht allein mit diesem auf das Innigste, sondern es wird auch selbst zu Butter. — Will man anstatt des Oeles eine andere Fettart, z. B. Schweinefett benutzen, so muß man zuvor demselben eine halbflüssige Beschaffenheit ertheilen, indem man es an einen warmen Ort bringt, wo eine Temperatur von 30° R. vorhanden ist; auch darf die Temperatur des Rahmes nicht viel unter 25° R. betragen. Da aber bei einer solchen Temperatur die Buttererzeugung außerordentlich verzögert wird, so muß man Sorge tragen, daß während des Butterns die Temperatur der Flüssigkeit auf 10° R. herabfällt. Auch hier gilt, was wir schon vorhin bemerkten, daß nämlich jeder Beigeschmack des Schweinefettes der Butter mitgetheilt wird, und es kann nur alsdann das Erstere verwendet werden, wenn dasselbe sehr vorsichtig ausgelassen worden, noch sehr frisch ist und dann mit kaltem Wasser so lange ausgewaschen wurde, bis das Wasser auch nicht im Geringsten einen Geschmack mehr enthält. —

Wir erwähnten schon früher einmal, daß zwischen Butter und dem Fette der Milch ein Unterschied sei, und daß der Geschmack der Butter, ihre Consistenz u. s. w. zum Theil von ihrer Darstellung abhänge. Die Butter ist sonach nicht blos Educt, sondern auch Product. Sie enthält außer dem Fette stets eine größere oder geringere Menge Wasser und Käsestoff, der selbst durch das sorgfältigste Waschen und Reinigen der Butter nicht gänzlich entfernt werden kann; beide, das Wasser wie der Käsestoff, sind so innig mit dem Fette gemischt, daß sie nur dann mit bloßen Augen oder durch den Geschmack wahrgenommen werden, wenn sie in ziemlich bedeutender Menge in der Butter vorkommen. Daß diese beiden Substanzen nicht zufällig in der Butter vorkommen, sondern einen entschiedenen Einfluß auf dieselbe haben, geht daraus hervor, daß, wenn diese Stoffe durch erhöhte Wärme der Butter entzogen werden, letztere ihre eigenthümliche Beschaffenheit ganz verliert, und es hält sehr schwer und kann nur auf sehr umständliche Weise geschehen, wenn man die geschmolzene Butter in ihren frühern Zustand zurückbringen will. — Betrachtet man frische Butter unter dem Mikroscop, so erscheint sie als eine verworrene Masse, in der man sehr deutlich den Käsestoff, das Wasser und das Fett unterscheiden kann; s. Tab. I. Fig. K; unterwirft man dagegen geschmolzene Butter einer solchen Betrachtung, so sieht man, wenn nämlich aus der geschmolzenen Butter das Wasser und der Käsestoff auch vollständig ausgeschieden waren, eine ganz gleichmäßige opalisirende Masse. S. Tab. I. Fig. J.

Da der Käsestoff, das Wasser und die atmosphärische Luft, welche letztere ebenfalls die Butter mechanisch eingeschlossen enthält, mit der Zeit eine Veränderung in derselben hervorbringen, welche für den Geschmack und den Geruch von Nachtheil sind, so ist es nöthig, wenn Butter längere Zeit aufbewahrt werden soll, diese Bestandtheile zu entfernen; dies kann aber nur durch erhöhte Temperatur geschehen; allein eine solche wirkliche Dauer= butter hat aber leider diejenigen Bestandtheile verloren, die uns eben die Butter so angenehm machen und die das Milchfett in Butter umändern: und da sich geschmolzene Butter nur mit vieler Mühe in die gewöhnliche umarbeiten läßt, so kann uns auch jenes Hülfsmittel, die Butter haltbarer zu machen, nicht viel nützen, und wir müssen auf Vorkehrungen bedacht sein, um die Butter auch im ungeschmolzenen Zustande auf längere Zeit unbeschadet ihrer Güte aufzubewahren. — Man sieht leicht ein, daß ein sorgfältiger Verschluß der Gefäße, worin Butter auf= bewahrt wird, nur zu einem geringen Theil jenen Zweck errei= chen läßt, indem ja nur dadurch die atmosphärische Luft von außen abgesperrt ist, die Butter aber einen großen Theil der atmosphärischen Luft bereits eingeschlossen enthält. Es würde nur in so fern dieses Mittel von Belang sein, als wir dadurch zunächst die Oberfläche der Butter gegen ein schnelleres Verder= ben schützen. — Wir müssen vor allen Dingen dafür sorgen, daß jeder Ueberschuß dieser genannten Substanzen aus der Butter entfernt werde. — Wenden wir den, auf gewöhnliche Weise entstandenen sauren Rahm, oder auch den süßen Rahm, den wir jedoch ebenfalls einer Säurung überließen, zur Butterbereitung an, so ist es einleuchtend, nach dem, was wir über die Beschaffenheit dieses sauren Rahmes gesagt haben, daß, je saurer der Rahm ist, auch eine um so größere Menge Käsestoff coagulirt und unlöslich geworden ist; je größer aber die Menge des coagulirten Käsestoffs ist, welche während der Butterbereitung in der Flüssigkeit vorhanden ist, um so mehr wird die entstehende Butter von diesem Käsestoff aufnehmen, ohne denselben durch Auswaschen zu verlieren. — Dieser Uebelstand ist es jedoch noch nicht allein, welcher in der Anwendung des sauren Rahmes zur Butterbereitung vorhanden ist; man betrachte nur einmal Fig. F. auf Tab. I. und berücksichtige die große Anzahl von niedern Pflanzen, sogenannten Algen, welche hier unter a. a. in ungefähr dem funfzigsten Theile eines Tropfens eines sauren Rahmes vorhanden sind; wenn nun von diesen niedern Pflanzenbildungen stets ein großer Theil von der Butter aufgenommen wird, und von dieser ebenfalls durch Auswaschen nicht vollständig entfernt werden kann, wie man sich leicht selbst überzeugen kann, so muß auch hierdurch die Verderbniß der Butter, welche aus dergleichen saurem Rahme verfertigt ist, um so früher herbeigeführt werden; denn wenn auch dergleichen Pflanzenbildungen in den meisten Fällen das Product der Zersetzung anderer Substanzen sind, so können sie doch auch nicht minder die angehende Zersetzung, Gährung und Fäulniß der Substanzen vermehren und auch selbst hervorbringen. Diese beiden Uebel vermeiden wir nun, wenn wir entweder aus sogenanntem süßen Rahme unmittelbar buttern, oder, was viel zweckmäßiger ist, wenn wir den Rahm mittelst Soda gewinnen. Im letztern Falle gewinnt man nicht allein sämmtliches Fett

der Milch, und hat sonach eine viel größere Ausbeute als beim
süßen Rahme, sondern es enthält auch dieser Rahm noch keine
Spur des geronnenen Käsestoffs, noch viel weniger einer Al=
genbildung. Wird nun auch diesem durch Soda gewonnenen
Rahme, wenn er zur Butterbereitung verwendet werden soll,
Milchsäure in Gestalt der Molken hinzugesetzt, so wird aller=
dings der Käsestoff gerinnen, allein der geronnene Käsestoff ist
hier in diesem Falle so fein vertheilt und überhaupt in so ge=
ringer Menge vorhanden, daß einmal die fertige Butter nicht
mehr davon aufgenommen hat als sie nur höchstens zu ihrer
Existenz bedarf, und daß für's zweite aller Ueberschuß desselben
durch Waschen leicht entfernt werden kann. — Es kann nun
freilich nicht geleugnet werden, daß, indem wir die Butter von
allem überschüssigen Käsestoff befreien, dieselbe einen Gewichts=
verlust erleidet und dieser die Butter um so viel theurer macht;
allein bei dem Vortheile, den man durch einen größern Wohl=
geschmack und durch längere Haltbarkeit der Butter erhält, möchte
jener Verlust, der nicht viel über 1 p. C. beträgt, außer Be=
tracht kommen.

Nach diesen müssen wir nun auch auf das Auswaschen der
Butter die größte Sorgfalt verwenden. Alles, was durch Was=
ser aus der frischen Butter entfernt werden kann, muß schlech=
terdings entfernt werden. Hierzu ist denn nun das reinste Was=
ser nöthig; Bestandtheile, wie sie größtentheils unser Brunnen=
wasser enthält, sogenannte unorganische Stoffe wie Kalksalze
u. s. w. schaden weniger. Von großem Nachtheil ist ein Was=
ser, worin Pflanzen= oder Thierüberreste vorkommen, mögen
diese auch noch so gering sein. Daher müssen wir das Wasser,
was wir zu diesem Zwecke verwenden wollen, stets einer sorg=
fältigen Prüfung unterwerfen, welche auf eine sehr einfache
Weise geschieht, indem wir nur das Wasser in einem Gefäße,
worin es gegen Staub geschützt ist, an einem warmen Orte

eine Zeit lang hinstellen. Bleiben unter diesen Umständen Farbe, Geruch und Geschmack tadellos, d. h. sind dergleichen nicht entstanden, so wird dieses Wasser den Anforderungen genügen. Nach dem Auswaschen hat man nun für die Entfernung des Wassers zu sorgen. Allein auch hier kommt man wieder in Verlegenheit, indem ja das Wasser das Gewicht der Butter vermehrt und mit der Entfernung des Wassers auch ein Verlust entsteht; es wird auch hier von Umständen abhängen, in wie fern eine größere Haltbarkeit der Butter diesem Nachtheil begegnen kann, der freilich durchschnittlich gegen 8 p. C. beträgt. — Eine vollständige Entfernung des Wassers aus der Butter, ohne diese eine Zeitlang zu erhitzen, gelingt nun freilich ohnedies nicht, und wir müssen uns darauf beschränken, durch Kneten zunächst den größten Theil des Wassers zu entfernen, und hierauf die Butter in feine derbe Leinewand einzuschlagen und sie zwischen grobem weißen Löschpapier zu pressen. Das Papier kann immer wieder getrocknet und unzählige Male zu diesem Zwecke verwendet werden; auch ist es gut, einen ziemlichen Vorrath davon zu haben, weil man so lange damit wechseln muß, als das Papier noch feucht wird. Das Pressen selbst geschieht entweder mit den Händen oder auch zwischen zwei Brettern, welche mit Steinen belastet werden. — Eine solche Butter hält sich nicht allein weit länger, sondern sie wird auch fester, indem das Wasser auf die weiche Beschaffenheit der Butter einigen Einfluß hat.

Die atmosphärische Luft kann auch nur durch festes Aufeinanderbrücken und Zusammenpressen der einzelnen Buttermassen entfernt werden; namentlich hüte man sich beim Einschlagen der Butter in Gefäße vor hohle Räume. Kleine Luftbläschen, die oft nur durch das Mikroscop bemerkt werden, können natürlich auch nur durch erhöhte Temperatur entfernt werden.

Da jedoch, wie wir uns überzeugt haben, die Ursachen, wodurch die Butter eine Veränderung erleidet, nie gänzlich aufgehoben werden können, da wir nicht im Stande sind, den Käsestoff, das Wasser und die atmosphärische Luft vollständig zu entfernen, ohne die Eigenthümlichkeit der Butter zu verlieren, so muß unser Augenmerk bei Butter, die wir längere Zeit aufbewahren wollen, darauf gerichtet sein, damit die Einwirkung und Zersetzung dieser genannten Substanzen so langsam wie möglich erfolge. Dies kann nur geschehen, indem wir erstens die Butter an einem so kühlen Orte aufbewahren, als er nur immer uns zu Gebote steht, am besten in einem Eiskeller; und zweitens, daß wir, so weit es sich thun läßt, nicht allein die äußere atmosphärische Luft abhalten, sondern auch die im Innern der Butter erzeugten Gasarten und Zersetzungsproducte, welche eine weitere Verderbniß der Butter um so schneller herbeiführen, zu binden suchen, und sie unschädlich machen. Das Letztere kann aber leider nur sehr unvollkommen geschehen, indem ja bei jedem Butterthellchen auch die Urheber ihrer Verderbniß liegen, und so können wir uns nur darauf beschränken, an der äußersten Grenze dergleichen Vorkehrungen zu treffen. Für diesen Zweck giebt es nun kein passenderes Mittel, als fein gepulverte Holzkohle; diese nimmt nicht allein die in der Butter entstandenen luftförmigen und flüssigen fauligen Substanzen auf und fixirt dieselben, sondern sie hält auch die feindlichen Einflüsse von Außen ab. Doch können wir für unsern Zweck nicht die gewöhnliche Holzkohle gebrauchen, sondern wir müssen dieselbe erst gut auswaschen und von Neuem glühen, was in jedem alten Topfe geschehen kann. Die erkalteten Kohlen werden in einem eisernen Mörser fein gepulvert und mit diesem Kohlenpulver sogleich die schon eingeschlagene Butter einige Zoll hoch bedeckt. — Was die Gefäße anbetrifft, in denen man auf längere Zeit die Butter aufbewahren will, so ist es natürlich, daß an den Orten, wo diese einen bedeutenden Handelsartikel ausmacht, und sonach in großen Quantitäten gewonnen wird, nur immer hölzerne Gefäße angewendet werden können, und da würde es nicht ausführbar sein, die Holzkohle anzuwenden; aber man könnte füglich dennoch die kleine Vorsichtsmaßregel beobachten, und könnte die innere Seite des Holzes verkohlen, um wenigstens das zu zerstören, was nachtheilig von Seiten des Holzes auf die Beschaffenheit der Butter einwirkte. — In kleineren Molkereien ist es am zweckmäßigsten, die Butter in porcellanen Gefäßen, die man jetzt wohlfeil und bis zu einer Größe von 20 Quart und darüber erhalten kann, aufzubewahren. Wird in dergleichen Gefäße die Butter mit besonderer Vorsicht und Genauigkeit eingestampft, und alsdann auf die Decke derselben eine, einige Zoll hohe Schicht von dem präparirten Kohlenpulver ausgebreitet, und werden alsdann die Gefäße, nachdem sie einigermaßen verschlossen sind, in einen Eiskeller gestellt, so kann man überzeugt sein, daß man auf lange Zeit eine schöne und wohlschmeckende Butter behalten wird, von der man selbst nach Belieben einzelne Quantitäten verbrauchen kann, wenn nur immer wieder die Butter mit Kohlenpulver bedeckt, und Letzteres auch mitunter erneuert wird. Die kleine Schicht von Butter, welche mit Kohlenpulver verunreinigt wird, ist kaum in Anschlag zu bringen, und kann auch noch gewonnen werden, wenn sie geschmolzen und durch Leinewand geseiht wird. — Am wenigsten eignen sich zum längern Aufbewahren der Butter die gewöhnlichen Töpfergeschirre mit Bleiglasur; dagegen sind die sogenannten steinzeugenen, salzglasurten Gefäße den porcellanen fast gleichzustellen.

Sehr oft verlangt das Publicum eine gefärbte Butter, d. h. die gewöhnliche Farbe der Butter durch Anwendung eines passenden Pigments erhöht; — der Nichtkenner betrachtet nun ein-

mal die Farbe als Maaßstab für die Güte der Butter, und so=
nach ist man genöthigt, da, wo nicht durch Zufall die Butter
an und für sich eine schöne gelbe Farbe besitzt, diese zu ersetzen.
Obgleich man nun zu diesem Zwecke Farbestoffe verwendet,
welche der Gesundheit des Menschen durchaus nicht nachtheilig
sind, so sind sie es doch stets der Güte der Butter, in so fern
sie ein früheres Verderben der Butter herbeiführen. — Außer
dem Farbestoffe unserer bekannten Mohrrüben, ist es besonders
Orlean, welcher zu diesem Zwecke verwendet wird, und durch
ihn erhält die Butter jene rothgelbe Farbe, wie wir sie nament=
lich bei Faßbutter beobachten. Da jedoch der Orlean bei seiner
Bereitung und Versendung häufig mit Urin behandelt wird,
letzterer aber sehr bald eine fauligte Gährung erleidet, so sieht
man leicht ein, wie nachtheilig für die Butter und wie ekelhaft
die Anwendung dieses Farbemittels ist; und doch kann es nicht
leicht durch ein Anderes ersetzt werden. —

Die Butter wird nun, sowohl des Geschmacks, als auch
der größern Haltbarkeit wegen gesalzen, und da das Kochsalz
weit wohlfeiler als die Butter ist, so muß es natürlicherweise
um so gewinnbringender sein, je größer die Quantität Kochsalz
ist, die man unbeschadet des Geschmackes mit der Butter ver=
mischen kann. Da in den meisten Fällen der Geschmack als
Richtschnur für die hinzuzumischende Menge des Kochsalzes
dient, dieser aber immer relativ bleibt, und auch die Butter zu
manchen Zeiten mehr Salz verträgt, so lassen sich keine be=
stimmten Gewichtsmengen feststellen. Darauf muß man aber
stets seine Aufmerksamkeit richten, daß nämlich das Kochsalz
nicht in groben Stücken, sondern im feingepulverten Zustande
der Butter zugesetzt werde. Das bei gelinder Wärme getrocknete
Kochsalz läßt sich sehr leicht in einem eisernen Mörser fein pul=
vern; ein solches feines Pulver läßt sich in der Butter viel
schneller vertheilen, es löst sich viel schneller in dem vorhande=

nen Wasser der Butter auf, und wir laufen nicht Gefahr noch ganze Krystalle in der Butter vorzufinden. — Außer dem Kochsalze lassen sich bei der Butter nicht leicht andere und ähnliche fäulnißwidrige (antiseptische) Mittel anwenden, wie dieses z. B. in der gleichzeitigen Anwendung des Salpeters beim Einpökeln des Fleisches geschieht; denn wir können die Butter vor ihrem Gebrauch nicht jedesmal so auslaugen, d. h. durch Anwendung von Wasser dieselbe von ihrem sämmtlichen Salzgehalt befreien, wie wir dieses mit dem gepökelten Fleische zu thun pflegen; obgleich diese Operation mitunter sehr zweckmäßig wäre, so würde sie doch, sollte sie allgemein angewendet werden, sehr unbequem und lästig sein. — Will man jedoch bei größern Quantitäten verdorbener Butter davon Gebrauch machen, so wasche man mit möglichst reinem Brunnenwasser von gewöhnlicher Temperatur die Butter so lange aus, als das Wasser noch Geruch und Geschmack annimmt; hierauf schaffe man durch sorgfältiges Kneten und Pressen zwischen Leinewand und Löschpapier alles überschüssige Wasser fort, salze von Neuem und setze auf jedes Pfund Butter 2 Loth fein gepulverten Melis-Zucker oder auch Raffinade hinzu. Durch diesen kleinen Zusatz von Zucker, dessen Kostenbetrag nicht bedeutend ist, verbessert man nicht allein sehr wesentlich den Geschmack der Butter, sondern man schützt sie auch in etwas gegen ein schnelleres Verderben, und es ist nur zu bedauern, daß wir von dem Zucker nicht mehr Gebrauch machen, da dessen Anwendung so einfach und so wenig kostspielig ist, indem ja in den meisten Fällen der Butterwerth immer etwas höher ist. —

Wie wir schon einigemale erwähnten, enthält die Butter, außer dem Milchfette, Käsestoff und Wasser, und ist dieselbe gesalzen, so enthält sie nun auch noch Kochsalz. Alle drei Bestandtheile der Butter, namentlich die beiden Erstern, kommen nun in sehr verschiedenen Quantitäten in der Butter vor, und es würde zwecklos sein, alle die Resultate anzuführen, die wir nach vielen verschiedenen Untersuchungen darüber erhalten haben. Aus diesen Untersuchungen geht hervor, daß frische Butter mit der zweckmäßigen Menge Kochsalz gemischt, durchschnittlich 18 p. C. an Wasser, Käsestoff und Kochsalz enthält, und daß ferner 4 p. C. Fett in der Milch 4,87 Butter entspricht, oder mit Hinweglassung einer kaum nennbaren Differenz: 32 Loth Milchfett geben $38\frac{9}{10}$ Loth Butter. —

Hieraus ließe sich nun bald das theoretische Maximum der Butterausbeute berechnen, wenn uns nur der Fettgehalt der Milch bekannt ist; daß wir den letzteren durch eine chemische Analyse genau finden können, ist bereits schon früher angeführt, und daß wir ihn auch auf andere Weise, wenn auch nicht so genau, doch für unsern Zweck ziemlich entsprechend, auffinden können, dieses soll am Ende dieses Kapitels näher erörtert werden. Dessenungeachtet stimmt nun bis jetzt keinesweges die Erfahrung mit der Rechnung überein, und daher mögen denn auch die verschiedenen Angaben über die Quartzahl Milch, bei übrigens gleichem Fettgehalt derselben, rühren, die nöthig sind, um eine bestimmte Menge von Butter zu erzeugen. — Wie wir bereits gesehen haben, geht uns bei Gewinnung des sauren Rahmes ein großer Theil des Fettes mit der abgerahmten Milch verloren, der sehr verschieden sein muß, je nach der geringern oder größern Sorgfalt, die auf das Abrahmen verwendet wird, vorzüglich aber verschieden sein muß, je nachdem die Milch rascher oder langsamer erkaltete, und die Gerinnung derselben früher oder später erfolgte. — Diese Ursachen hat man wohl längst eingesehen, und hat auch zu deren Beseitigung verschiedene Mittel angewendet; so wird z. B. im südlichen Rußland und in England die Milch in irdenen oder metallenen Gefäßen an einem ziemlich warmen Orte (Backofen) eine Zeit lang aufbewahrt, oder die Gefäße werden mit heißer Asche

umgeben, um dadurch ein vollkommneres Ausscheiden der Fett=
kügelchen zu bewirken. Es sind auch hierüber Versuche unserer
Seits angestellt, doch haben wir keinesweges ein so glänzendes
Resultat erhalten, durch das die Mühe und die Kosten, welche
die Erwärmung größerer Massen Milch erfordern, belohnt wer=
den. Es ist auch nicht gut einzusehen, warum eine höhere
Erwärmung an und für sich in der Milch ein besseres Aus=
scheiden der Fettkügelchen hervorbringen soll, denn das Ver=
hältniß der verschiedenen Dichtigkeit, oder der specifischen
Schwere des Fettes, des Wassers und der übrigen Substanzen
der Milch, wird innerhalb des Gefrierpunctes und des Koch=
punctes der Milch dasselbe bleiben, oder nur sehr wenig diffe=
riren. Doch kann es keinesweges in Abrede gestellt werden,
daß bei einer Temperatur von 60—70° R. ein besseres Aus=
scheiden des Rahmes erfolgt, als bei gewöhnlicher Temperatur;
auch dürfen wir den Grund dieser Erscheinung nicht etwa in
der Gegenwart von Hüllen suchen, womit jedes Fettkügelchen
umgeben ist und welche Hüllen nun bei einer erhöhten Tempe=
ratur zerbersten, wodurch alsdann das Fett um so schneller die
Oberfläche erreichen kann; denn wäre dieses der Fall, so müßte
gekochte und langsam erkaltete Milch auch jede Spur von Fett
auf seiner Oberfläche als Rahm ausscheiden. — So aber
beobachten wir eine solche Erscheinung nicht, und die Ursache,
weßhalb eine Milch, die eine Zeit lang bei einer Temperatur
von 60—70° R. allerdings eine etwas größere Menge von
Rahm bildet, als dieses bei der gewöhnlichen Temperatur zu
geschehen pflegt, liegt wohl darin, daß nämlich die Bildung
der Milchsäure innerhalb gewisser Temperaturen, ganz ähnlich
wie die Weingährung, am vollkommensten und am schnellsten
geschieht, diesseits oder jenseits dieser Temperaturen dagegen
eine solche Bildung wenig oder gar nicht stattfindet. Beginnt
nun die Säurung bei einigen Graden über dem Gefrierpuncte

der Milch, nimmt dieselbe mit der Erwärmung zu und hat sie zwischen 25 und 35° R. ihren höchsten Punct erreicht, so sieht man leicht ein, wird nun bei einer Temperatur von 60—70° R. wenig oder gar keine Säurung eintreten, und die Gerinnung des Käsestoffs kann sonach für die Ausscheidung des Fettes kein Hinderniß abgeben. Hieraus folgt denn nun auch, daß man sich bei der Erwärmung der Milch sehr zu beeilen hat, damit man nicht auf jener Temperatur verweile, welche für die Säurung die vortheilhafteste ist. —

Es bleibt immer die Anwendung der Soda nicht allein das vollkommenste Mittel, sondern auch das bequemste und sicherste! — Nur müssen wir dafür Sorge tragen, daß das gewonnene Milchfett auch als Butter vollständig gewonnen werde, und dieses kann nur geschehen, wenn wir außer der Sorgfalt, die wir auf eine zweckmäßige Einrichtung des Butterfasses und auf das Buttern selbst verwenden, dem durch Soda gewonnenen Rahme auch die gehörige Quantität einer Säure zusetzen. Essig würde sehr billig und leicht zu haben sein; allein bei der Eigenschaft der Butter, fremde Substanzen anzuziehen und diese mit solcher Hartnäckigkeit festzuhalten, daß sie kaum durch das sorgfältigste Waschen entfernt werden können, ist es nicht rath= sam, denselben anzuwenden, da der Essig außer der Essigsäure auch noch andere Substanzen enthält. Es ist daher das Zweck= mäßigste, diejenige Säure zur Säurung des vermittelst Soda gewonnenen Rahmes anzuwenden, welche uns bei der Säurung der Milch von selbst dargeboten wird, nämlich die Milchsäure. Man läßt zu dem Ende, je nach Bedürfniß, eine Quantität abgerahmte saure Milch noch länger stehen, damit die Quan= tität Milchsäure noch zunehmen kann, erwärmt dann ein Wenig, und trennt durch Abseihen und Auspressen die Flüssigkeit vom Käse; von diesem sauren Molken setzt man dem Rahme so viel hinzu, bis das blaue Lackmuspapier deutlich roth gefärbt wird, und nun beginnt man mit dem Buttern. Man wird überrascht sein, welchen schönen Geschmack und Geruch der Rahm nun durch das gebildete milchsaure Natron erhält, und nicht allein der Rahm, sondern auch die Butter läßt in dieser Beziehung nichts zu wünschen übrig. Es muß stets der Rahm säuerlich sein, soll die Butterausbeute so vollständig wie möglich sein. — Allein wir sind nicht im Stande, selbst bei Anwendung aller Vorsichtsmaßregeln, sämmtliches Fett des Rahmes oder der Milch in Butter umzuändern, und es wird uns stets mit der Buttermilch ein größerer oder geringerer Theil des Milchfettes verloren gehen. Man vergl. Tab. I. Fig. G und H.

Wenn daher die Milch 4 p. C. Fett enthält, so müßten wir, wenn gar kein Fett verloren ginge, auf 10 Quart Milch, das Quart Milch zu 80 Loth gerechnet, $38\frac{9}{10}$ Loth $= 1$ Pfund $6\frac{9}{10}$ Loth frischer und gesalzener Butter erhalten, indem wir nämlich 18 p. C. fremde Bestandtheile in der Butter annehmen. Gesetzt, wir erhielten nur 30 Loth Butter von 10 Quart Milch, und diese $8\frac{9}{10}$ Loth Butter gingen uns verloren, da uns ja der Käse, oder die abgerahmte saure Milch, so wie die Butter= milch, welche diese $8\frac{9}{10}$ Loth Butter, oder dieser Quantität Butter entsprechendes Milchfett mehr enthalten, nicht deßhalb ein größeres Aequivalent abgeben, so würden wir jährlich, bei einem Viehstand von 100 Stück Melkvieh, die Kuh mit einem Durchschnittsertrag von 6 Quart pro Tag berechnet, einen Verlust von 53 Ctr. 35 Pfd. 30 Lth. haben. — Wenn wir nun bei Anwendung der Soda gar keinen andern Gewinn, als diese $8\frac{9}{10}$ Loth Butter auf 10 Quart Milch hätten, so würde den= noch der Gewinn nicht unbedeutend sein, obgleich die Quanti= tät Soda, welche unter diesen Umständen verbraucht würde, mindestens 49 Ctr. 85 Pfd. beträgt.

Die Buttermilch enthält, wie schon bemerkt wurde, stets noch eine Quantität Fett, die nach meinen Untersuchungen sehr variirt. Es kann dies auch nicht anders sein, denn einmal wird der Fettgehalt derselben abhängig sein von der Verdünnung des Rahmes und von der Quantität Eis, die bei warmer Witterung dem Rahme hinzugethan wurde; zweitens aber auch von der Aufmerksamkeit und dem Fleiße, welche auf das Buttern selbst verwendet wurden. Ich habe den Fettgehalt der Buttermilch bis auf 2 **p. C.** steigen sehen. — Die Buttermilch zu sammeln und sie alsdann zum zweiten Male zu buttern, ist nicht rathsam, wenn namentlich dieselbe von dem gewöhnlichen sauren Rahme erhalten wurde; denn in diesem Falle ist sie schon so verdorben, enthält eine große Anzahl von Algen oder Konversen, jenen niedern Pflanzenbildungen, außerdem noch eine Menge anderer Unreinigkeiten, daß dieselbe nicht gut auf längere Zeit aufbewahrt werden kann. Auch würde die Buttermilch aus diesem Grunde eine so schlechte Butter liefern, die Bildung der Butter würde so viel Zeit erfordern, daß wohl kein Vortheil damit verbunden wäre. Kann man sie ohne Weiteres verkaufen, und nur um den 5ten Theil des Milchwerthes, so ist dieses das Vortheilhafteste. Dagegen ist die Buttermilch, welche wir bei dem durch Soda gewonnenen Rahme erhalten, von viel besserer Beschaffenheit. Sie könnte, wenn sie nicht zu säuerlich wäre, einer verdünnten Milch ganz an die Seite gestellt werden, und zu gewissen Zwecken in der Haushaltung, da wo man sauren Rahmen verwenden will, ist diese Buttermilch ganz an ihrem Orte. Ich bin überzeugt, daß man sie gern mit $\frac{1}{3}$ des Werthes der Milch bezahlen kann. — Da diese Buttermilch von so guter Beschaffenheit ist, jene niedern Pflanzen ihr ganz fehlen, so stellte ich damit mehrere Versuche an, um den Fettgehalt vollends daraus zu gewinnen. Zunächst sammelte ich die Buttermilch, und nachdem ich eine passende Quantität erhalten hatte, butterte ich noch einmal; ich erhielt zwar noch eine recht gute Butter, allein doch in so kleiner

Quantität, daß nur bei wohlfeilen Arbeitskräften ein Gewinn daraus zu ziehen wäre. Mit der übrigbleibenden Flüssigkeit, sonach mit der zweiten Buttermilch, ging ebenfalls wiederum ein Theil des Fettes verloren. Um selbst dieses noch zu gewinnen, setzte ich der Flüssigkeit noch eine kleine Quantität Schweinefett hinzu, nachdem dieses zuvor einen passenden Wärmegrad erhalten hatte; allein bei aller Mühe und Vorsicht erhielt ich dennoch kein Resultat, welches meinen Erwartungen entsprochen hätte, und so überzeugte ich mich, daß mit der Buttermilch, bei aller Mühe und Vorsicht, stets eine Quantität Milchfett verloren geht, welches, um dasselbe zu gewinnen, die Arbeitskosten nicht decken würde.

Die Prüfung der Milch auf ihren Fettgehalt.

Wenn wir die Milch einer Prüfung unterwerfen, so geschieht es wohl in den meisten Fällen des Fettes wegen, denn dieses ist der kostbarere, werthvolle Bestandtheil derselben. — Wären wir berechtigt, aus dem Wassergehalt der Milch, oder aus dem Gehalt an Käsestoff und an Milchzucker auf den Fettgehalt derselben zu schließen, so könnten wir uns auch auf die Ermittelung und Bestimmung dieser Bestandtheile beschränken, und darnach die Quantität des Fettes berechnen; so aber ist die Milch ein bloßes Gemenge, in welchem nie ein bestimmtes Gewichtsverhältniß der verschiedenen Bestandtheile vorhanden ist, sondern stets wird dieses Verhältniß von der Beschaffenheit und Quantität der Nahrungsmittel, von der Periode der Milchabsonderung und von vielen andern Umständen abhängig sein. Aus dem Grunde nun werden wir auch, außer der chemischen Analyse, kein Mittel besitzen, um mit Genauigkeit die Quantitäten der einzelnen Bestandtheile der Milch und namentlich die des

Fettes bestimmen zu können, und müssen uns damit begnügen, wenn wir annäherungsweise unsern Zweck erreichen. —

Am allerwenigsten aber läßt sich für die Bestimmung des Fettes jenes Instrument, welches unter dem Namen: Milchprober oder Galactometer bekannt ist, anwenden. Dieses Instrument besteht, ganz ähnlich wie eine Bierwage und andere dergleichen Aräometer, aus einem runden kugelförmigen, hohlen Theile, der in eine Spindel verlängert und aus Glas verfertigt ist. In der Spindel befindet sich eine Skala, welche am äußersten Ende der Spindel 0 zeigt, und von da an, bis zu dem kugelförmigen, dicken Theil, in eine Anzahl von Graden getheilt ist. Dieses Instrument, welches so eingerichtet ist, daß es in einer Flüssigkeit schwimmen kann, dient nun dazu, die Gesammtmasse der in der Milch aufgelösten Bestandtheile anzugeben, und zwar diejenigen Bestandtheile, welche schwerer sind als Wasser, d. h. deren Dichtigkeiten von der Art sind, daß, wenn eine abgemessene Quantität einer solchen Substanz, mit einer gleich großen abgemessenen Quantität Wasser durch die Wage und Gewicht verglichen werden, alsdann die Quantität der Substanz ein größeres Gewicht braucht, als das Wasser. — Da die Wärme auf die Dichtigkeit der Körper, und sonach auch auf die Raumerfüllung, einen bedeutenden Einfluß hat, so müssen dergleichen Untersuchungen, um das specifische Gewicht der Körper, so nennen wir nämlich jenes durch die Wage gefundene Gewicht zweier Körper, wenn sie gleichen Raum einnehmen, zu ermitteln, bei einer bestimmten Temperatur angestellt werden. — Und so verhält es sich denn auch mit dem Milchprober; auch dieses Instrument giebt uns das Verhältniß der Dichtigkeit zwischen Wasser und Milch bei einer gewissen Temperatur an, und da eine größere Dichtigkeit der Milch, oder das größere specifische Gewicht der Milch nicht vom Fett, denn dieses ist ja leichter, oder weniger dicht wie

Waſſer, herrühren kann, ſondern nur einzig und allein vom Käſeſtoff, dem Milchzucker und den Salzen der Milch abhängig iſt, ſo iſt leicht einzuſehen, daß ein ſolches Inſtrument nicht geeignet iſt, den Fettgehalt der Milch anzuzeigen. — Gerade ſo, als wenn wir vermittelſt eines Eies die Stärke der Lauge, die wir zum Seifekochen verwenden wollen, prüfen, eben ſo prüfen wir mit dieſem Inſtrument bei $12\frac{1}{2}^{0}$ R. die Milch. Je mehr Käſeſtoff, Milchzucker und Salze in der Milch vorhanden ſind, deſto weniger tief wird dieſes Inſtrument in der Milch einſinken; denn nun wird es ja vermöge der größern Dichtigkeit dieſer Körper um ſo mehr getragen, da es ſonſt in reinem Waſſer von obiger Temperatur zu 0 einſinkt; je mehr daher Waſſer und Fett in der Milch zugegen ſind, deſto tiefer wird der Milchprober ſinken müſſen, indem ja Waſſer und Waſſer gleiche Dichtigkeiten beſitzen, Fett aber eine noch geringere Dich= tigkeit als Waſſer beſitzt. — Wenn wir daher das Inſtru= ment in eine Milch einſenken, welche 13 p. C. Rückſtand giebt und welcher Rückſtand 4 Theile Fett enthält, ſo daß alſo die Milch 4 p. C. Fett enthält, ſo finden wir daſſelbe, welches, wie ſchon bemerkt in reinem Waſſer von $12\frac{1}{2}^{0}$ R. bis zu 0^{0} ein= ſinkt, in dieſer Milch von derſelben Temperatur auf 20^{0} her= ausgehoben. — Verdünnen wir nun dieſe Milch mit gleicher Quantität Waſſer, und wiederholen dieſelbe Prüfung, ſo wird natürlicherweiſe das Inſtrument tiefer einſinken, und zwar nun bis auf 10^{0}. Wir ſtellten vorhin auf, daß dieſe Erſcheinungen unabhängig vom Fettgehalt der Milch ſtatt haben müſſen, und nur von der Gegenwart der übrigen Beſtandtheile abhängig wären; dieſes zu beweiſen, mögen folgende Verſuche dienen: Wenn wir der mit gleicher Quantität Waſſer verdünnten Milch, welche in dieſer Verdünnung nur noch $4\frac{1}{2}$ p. C. derjenigen Be= ſtandtheile der Milch enthält, die uns durch das Inſtrument ange= zeigt werden, wiederum $4\frac{1}{2}$ p. C. ſolcher Subſtanzen hinzuſetzen, welche eine ähnliche oder gleiche Dichtigkeit besitzen, so muß das Instrument wieder bis auf 20° einsinken; — löst man daher in dieser verdünnten Milch $4\frac{1}{2}$ p. C., oder auf $1\frac{1}{8}$ Quart derselben $4\frac{1}{2}$ Loth Milchzucker oder auch anderen Zucker auf, und setzt alsdann mit Berücksichtigung der Temperatur das Instrument hinein, so wird man sich von der Wahrheit jener Behauptung überzeugen. — Setzt man ferner dieser, mit der gleichen Quantität Wasser verdünnten Milch, so viel süße Sahne hinzu, daß der Fettgehalt derselben um viele Procente vermehrt wird, so wird entweder das Instrument gleichen Stand behalten oder es wird sogar noch mehr einsinken, und demnach mit Erhöhung des Fettgehalts sich immer mehr dem 0° nähern. Aus diesem Grunde nun zeigt uns auch dieses Instrument keine Differenz zwischen Milch, die im Besitz ihres Fettes noch vollständig ist, und derselben Milch, der durch Gewinn von süßer Sahne bereits $1\frac{1}{2}$—2 p. C. Fett entzogen worden sind, und wir können dasselbe nur benutzen, um eine Controlle zu haben, ob Milch, deren Grade vorher genau bestimmt waren, mit Wasser verdünnt ist oder nicht. Dabei müssen aber genau die Temperaturen beobachtet werden, wenn nicht falsche Schlüsse gemacht werden sollen, und ist der Verfälscher schlau genug, so setzt er gleichzeitig mit dem Wasser eine entsprechende Menge einer wohlfeilen Substanz hinzu, welche einmal in Wasser und in der Milch löslich ist, ein größeres specifisches Gewicht als Wasser hat und endlich den Geschmack der Milch nicht verändert. Stärkemehl paßt nicht, weil es in der kalten Milch unlöslich ist; Zucker würde freilich den Geschmack der Milch sogar verbessern, allein er ist zu kostbar und würde auch an dem süßen Geschmack der Milch zu erkennen sein; wenn man aber arabisches Gummi, von welchem es sehr billige Sorten im Handel giebt, oder sogenanntes Dextrin dazu verwendet, so wird man sich bald überzeugen, da diese letztgenannten Substanzen in Wasser leicht löslich sind und der Milch keinen Geschmack ertheilen, wie wenig uns das Instrument den Fettgehalt der Milch anzeigen, noch vor Betrug uns schützen kann.

Man hat schon längst bei der Beurtheilung der Milch auf die Quantität des Rahmes, welche dieselbe abscheidet, sein Augenmerk gerichtet, und hat zu dem Ende sogenannte Rahmmesser construirt, welche nichts Anderes als einfache Cylinder sind, die bei einem gewissen Durchmesser in entsprechende Grade getheilt sind, wonach man die Menge des Rahmes, welche natürlich erst einem gewissen Fettgehalt der Milch entspricht, abzählen kann. Allein wenn wir die Abscheidung des Rahmes unter den gewöhnlichen Umständen hervorrufen, so haben wir gesehen, ist die Bildung desselben oder die Ausscheidung des Fettes stets unvollkommen und manchen Zufälligkeiten unterworfen, und sind noch obendrein die Grade sehr klein, so können auch mit diesen Instrumenten keine sehr sicheren Resultate erzielt werden. Ich bin der Ueberzeugung, daß man noch sicherer und schneller, als mit Hülfe dieser Rahmmesser, zum Ziele kömmt, wenn man recht feines, weißes, sehr dünnes, geleimtes Papier nimmt, auf diesem Papiere mit Hülfe eines Zirkels eine Anzahl gleich großer Kreise verzeichnet, und nun von der besten süßen Sahne zunächst mit einer bestimmten Quantität, mit einem Tropfen, wenn der Kreis die Größe eines Thalers hat, einen solchen Kreis ausfüllt, indem man ja nur mit einem Stückchen Holz oder einem ähnlichen Instrumente den Tropfen Sahne in dem Kreise vertheilt, ohne daß etwas davon verloren geht. Hierauf verdünnt man diesen Rahm mit verschiedenen Quantitäten Wasser und verfährt alsdann mit diesen Flüssigkeiten eben so, bis man zuletzt reines Wasser nimmt, läßt hierauf das Papier trocknen und kann nun leicht aus der durchscheinenden Beschaffenheit des Papiers den Fettgehalt der Flüssigkeit abschätzen. Hat man Gelegenheit, den Fettgehalt einer Milch durch die chemische Analyse selbst zu untersuchen oder untersuchen zu lassen, oder nimmt man eine Milch, deren Verhalten auf einen Fett= gehalt von 4 p. C. mit einiger Sicherheit zu schließen ist, so hat man noch einen bestimmteren Anhaltspunkt; man kann sich alsdann bald überzeugen, nachdem diese Milch mit den entspre= chenden Quantitäten Wasser verdünnt worden ist, welche Be= schaffenheit der Fleck bei durchgehendem Lichte zeigt, wenn die Milch 4 p. C., 2 p. C. und sofort an Fett enthält. Durch einige Uebung erhält man hierin bald einige Fertigkeit, und ähnlich wie der Silberarbeiter mit Hülfe der Probiernadeln Sil= berlegirungen beurtheilt, so ist man im Stande, auf diese Weise den Fettgehalt der Milch abzuschätzen.

Will man jedoch den Rahm als maßgebend für die Milch betrachten, so kann man vollständiger seinen Zweck erreichen, wenn man erstens mit Soda den Rahm erzeugt, und zweitens sich eines Gefäßes bedient, wie es auf Tab. II. Fig. A. abge= bildet ist. Unter solchen Umständen gewinnt man nicht allein sämmtliches Fett der Milch als Rahm, sondern der lange und enge Hals dieses Gefäßes, welcher von ziemlich gleichem Durch= messer sein muß*), bietet auch Gelegenheit dar, damit sich eine ziemlich hohe Rahmschicht bilden kann, wodurch selbst kleine Dif= ferenzen von $\frac{1}{2}$ p. C. Fett, noch genau beobachtet werden kön= nen. Man muß nun freilich der Sicherheit wegen ein solches Gefäß selbst erst ausprobiren, und dieses geschieht auf die Weise, daß man eine Milch nimmt, deren Fettgehalt durch die chemi= sche Analyse genau bestimmt ist, oder auch eine Milch, die aus ihrem übrigen Verhalten auf einen Fettreichthum von 4 p. C. ungefähr schließen läßt. Eine solche Milch wird genau mit der

---

*) Dergleichen Gefäße, sowie auch die unter B. auf Tab. II., sind stets vorräthig und für einen sehr billigen Preis zu haben bei Luhme und Comp. in Berlin, Kurstraße Nr. 54.

gleichen Quantität Wasser vermischt, 1½ p. C. Soda darin auf=
gelöst, und nun diese Flasche damit vollständig angefüllt. Nach
vollendeter Rahmbildung, was man leicht an der klaren Flüs=
sigkeit bemerken kann, wird vermittelst einer Feile oder eines
scharfen Feuersteines an der Stelle, wo genau der Rahm von
der darunter befindlichen Flüssigkeit getrennt ist, ein kleiner Strich
gemacht, und nachdem die Flasche entleert ist, kann man nun
leicht auf die angegebene Weise den Theil des Halses dieser
Flasche, der von dem Rahme ausgefüllt war und der 2 p. C.
Milchfett entsprach, in eine beliebige Anzahl von Theilen theilen.
Bei der Höhe der Rahmschicht werden selbst die Theile, die
noch ¼ p. C. Fett entsprechen, ziemlich groß, und man ist bei
gleicher Temperatur, überhaupt unter gleichen Umständen, im
Stande, noch kleinere Abweichungen im Fettgehalt der Milch
mit ziemlicher Sicherheit nachzuweisen.

Da man in sehr vielen Fällen eine Prüfung der Milch in
Betreff ihres Fettgehalts der Butterausbeute wegen unternimmt,
so ist es oft rathsam, geradezu eine kleine Quantität der Milch
zu buttern. Es geht dieses sehr geschwind und bequem, wenn
man 1 Quart der zu untersuchenden Milch mit der nöthigen
Menge Soda vermischt und nun zunächst die vollständige Bil=
dung des Rahmes abwartet. Der Rahm wird alsdann vor=
sichtig und sorgfältig abgenommen, mit ein wenig sauren Molken
versetzt und dann in einer Flasche, wie sie auf Tab. **II.** Fig. **B.**
abgebildet ist, gebuttert. Die Flasche wird gut zugepropft und
der Hals der Flasche in die Hand genommen, so daß der wei=
tere Theil nach oben gekehrt ist. Hierauf werden regelmäßige,
pendelartige Bewegungen mit der Flasche gemacht, indem man
zugleich mit derselben gegen die hohle Hand schlägt; es bedarf
nur einer ganz kurzen Zeit, um sich sowohl von der Menge als
auch von der Beschaffenheit der Butter überzeugen zu können.
Vereinigt man diese Untersuchung mit der auf den Rahmge=

halt der Milch, so wird man ein Resultat erhalten, wie es für
die Praxis wünschenswerth ist.

Die Bereitung des Käse.

Der Käsestoff, dessen allgemeine Eigenschaften bereits S. 7
gedacht worden sind, ist in der frischen Milch aufgelöst, und er
ist es namentlich, der eine Vereinigung des Fettes verhindert,
so daß das Letztere, die große Vertheilung in Gestalt jener mi-
kroskopischen Kügelchen, welche es in der Milchdrüse erhielt,
und welche Vertheilung, vermöge des flüssigen Zustandes, auch
nur in Kugelgestalt geschehen konnte, dem Käsestoff zu verdan-
ken hat. Ebenso wie derselbe in der Milch aufgelöst ist, so ist
er auch in Wasser auflöslich, ohne daß weder in der Milch
noch in Wasser kohlensaures Kali oder kohlensaures Natron ge-
genwärtig zu sein braucht, wie man dieses irrthümlicher Weise
annimmt. — Denn einmal würde die Quantität Käsestoff, welche
in der Milch vorhanden ist, zu seiner Auflösung eine viel größere Menge eines freien kohlensauren Alkali erfordern, als wir
bei der sorgfältigsten Untersuchung der ganz frischen Milch je
entdecken konnten; zweitens würde bei dem vollständigen Ver-
schwinden des freien kohlensauren Alkali, wie dieses in den
meisten Fällen schon bei jeder frisch gemolkenen Milch beobachtet
wird, sogleich eine Ausscheidung des Käsestoffs entstehen müssen,
und drittens könnten wir uns alsdann keinen in Wasser löslichen Käsestoff darstellen, wenn wir nicht ein kohlensaures Alkali
oder andere Substanzen, welche im Stande sind, den Käsestoff
aufzulösen, zu Hülfe nehmen. — So aber finden wir in der
frischen Milch noch keinen koagulirten oder unlöslichen Käsestoff, selbst wenn diese nicht nur neutral sondern sogar schon
etwas sauer ist. Wir können uns ferner den Käsestoff in unveränderter Gestalt in Wasser löslich darstellen, wenn wir den-

selben durch einen Zusatz von Schwefelsäure aus der Milch fäl=
len, und diesem Käsestoff, der eine Verbindung mit Schwefel=
säure eingegangen ist, durch eine stärkere Basis, die weder für
sich, noch in ihrer Verbindung mit Schwefelsäure, in Wasser lös=
lich ist, (kohlensaurer Baryt z. B.), die Schwefelsäure entziehen. —

Der in Wasser und ebenso in der Milch aufgelöste Käse=
stoff wird durch einen Zusatz von Säuren oder sauren Salzen
unlöslich gemacht, und stets ist der unlösliche oder geronnene
Käsestoff eine Verbindung mit der hinzugesetzten Säure einge=
gangen. Bei der gewöhnlichen sauren Milch ist es die Milch=
säure, welche in ihrer Verbindung mit dem Käsestoff eine Ge=
rinnung der Milch hervorbringt. Doch würden wir irren, woll=
ten wir voraussetzen, daß die Verbindungen des Käsestoffs mit
Säuren, oder mit andern Worten, der geronnene Käsestoff, auch
völlig unlöslich wäre. — Wir dürfen Schwerlöslichkeit nicht
mit Unlöslichkeit verwechseln, und je nach der Natur der Säure
werden wir denn auch geronnenen Käsestoff haben, der bald
mehr bald weniger schwerlöslich oder unlöslich ist. Es darf
uns daher nicht wundern, wenn wir in den Molken stets noch
eine gewisse Quantität Käsestoff aufgelöst finden, der nur dann
erst vollständig abgeschieden wird, wenn das Auflösungsmittel
verdampft ist. — Ferner geht auch hieraus hervor, wie die
Milch schon eine gewisse Quantität freier Milchsäure enthalten
kann, ohne daß eine Ausscheidung oder Gerinnung des Käse=
stoffs erfolgt. Die Erscheinung, daß Milch, wenn sie bereits
einen gewissen Säuregrad erreicht hat, ohne daß man im Stande
ist, bei einer oberflächlichen Betrachtung eine Veränderung des
Käsestoffs wahrzunehmen, beim Erhitzen jedoch sogleich diese
Veränderung hervortritt und eine Gerinnung statt hat, hat ih=
ren Grund zunächst darin, daß, obgleich in dieser Milch ein
Theil des Käsestoffs bereits koagulirt war, dieser Käsestoff jedoch
in so fein vertheiltem Zustande sich ausgeschieden hatte, daß

scheinbar noch gar keine Veränderung der Milch vorhanden war; beim Erhitzen der Flüssigkeit aber wird der fein vertheilte Nieberschlag bichter und sondert sich mehr ab: eine Erscheinung, wie man sie in der Chemie häufig beobachtet. — Hierzu kommt nun noch, daß, wenn dergleichen Milch aufgekocht wird, die Temperatur der kochenden Milch doch nur erst nach und nach erreicht wird; sie muß die Temperaturen passiren, bei denen am schnellsten die Bildung der Milchsäure erfolgt, und je länger die Milch bei diesen Temperaturen verweilt, um so mehr wird das Erwärmen derselben ein Beförderungsmittel der Gerinnung sein; dies erklärt es uns auch, weßhalb wir beim Erhitzen solcher Milch ein recht starkes Feuer anwenden und uns nicht der irdenen, sondern der metallenen Kochgeschirre bedienen müssen, indem bei der schlechten Wärmeleitung der ersteren jener Uebelstand um so mehr hervortritt.

Die abgerahmte saure Milch enthält in den meisten Fällen so viel Milchsäure, daß der größte Theil des Käsestoffs als milchsaurer Käsestoff in Gestalt einer geronnenen Masse sich ausgeschieden hat und die nun, um sie dichter zu machen und besser von der Flüssigkeit trennen zu können, erwärmt wird. Dieses Erwärmen geschieht entweder unmittelbar über freiem Feuer, oder indem man heißes Wasser hinzusetzt. Nachdem durch Abfiltriren und durch Pressen des Rückstandes der größte Theil der Flüssigkeit, die Molken, entfernt sind, bleibt nun der milchsaure Käsestoff zurück, der, wie schon früher erwähnt wurde, die Namen: weißer Käse, Matz oder Quark führt. In diesem Zustande enthält der Käse, außer Käsestoff und Milchsäure, noch einen großen Theil Wasser, etwas Milchzucker, sowie andere Salze der Milch, wohin besonders phosphorsaure Kalkerde gehört. Ebenso finden wir auch eine kleine Quantität Fett, die jedoch durchaus nicht der Menge von Fett entspricht, die wir in der sauren Milch beobachten. — Diese weiße, undurchsich-

tige Masse wird nun entweder schon in diesem Zustande als
Nahrungsmittel gebraucht oder man läßt sie noch etwas mehr
abtrocknen, setzt eine passende Quantität Kochsalz in Verbin=
dung mit verschiedenen gewürzhaften vegetabilischen Theilen hinzu,
und bewahrt diese so präparirte Masse, in Stücken von ver=
schiedener Form und sehr verschiedener Größe, eine Zeitlang an
einem feuchten, kühlen Orte auf. — Es tritt nun bald eine
Zersetzung ein; Feuchtigkeit, Wärme und atmospärische Luft, die
wichtigen Factoren der Zerstörung und Verwesung, sind ja im
Ueberfluß vorhanden und wir bemerken denn nun auch durch
den Geschmack sowohl, als auch ganz besonders durch den Ge=
ruch, daß mit dem milchsauren Käsestoff eine bedeutende Ver=
änderung vor sich gehen muß. — Die organischen Substanzen,
zu denen ja auch der Käsestoff gehört, geben, wenn sie zersetzt
werden, sei es auf diese oder andere Weise, eine große Anzahl
von neuen Verbindungen, welche theils flüchtiger, theils fixer
Natur sind. Der Käsestoff besteht aus Kohlenstoff, Wasserstoff,
Sauerstoff, Stickstoff und einer kleinen Quantität Schwefel;
wenn aber die Vereinigung dieser Elemente, oder dieser einfa=
chen Körper, wie sie eben im Käsestoff vorhanden ist, aufgeho=
ben wird, so sehen wir dafür eine Anzahl anderer Verbindun=
gen, jedoch einfacherer Zusammensetzung, entstehen. Der Koh=
lenstoff verbindet sich mit dem Sauerstoff, wenn solcher in hin=
reichender Menge vorhanden ist, zu Kohlensäure, mit dem Was=
serstoff zu verschiedenen Kohlenwasserstoffarten; der Stickstoff und
der Wasserstoff verbinden sich zu Ammoniak, eine zwar eben=
falls flüchtige Substanz, die jedoch von den schon genannten
sich dadurch unterscheidet, daß sie die Eigenschaften einer Basis
hat, d. h. die Eigenschaft sich mit Säuren zu Salzen verbin=
den zu können. — Auch Spuren einer Verbindung von Schwe=
fel mit Wasserstoff, jene übelriechende Gasart, die sich in fau=
lenden Eiern, in Düngergruben u. s. w. erzeugt, wird man bei

einer Zersetzung oder Fäulniß des Käse beobachten, sowie noch andere dergleichen Substanzen. Allein uns interessirt besonders die Bildung des Ammoniak, denn diese Substanz ist es, welche die von uns beabsichtigte Umänderung des frischen, weißen, undurchsichtigen Käse, in eine zusammenhängende, durchscheinende, gleichmäßige Masse hervorbringt. Wie wir schon erwähnt haben, ist der frische Käse ein Niederschlag, welcher entstand, indem die Milchsäure sich mit dem in der Milch aufgelösten Käsestoff verband. Diese Verbindung ist in der übrigen Flüssigkeit schwer löslich und so mußte sich der größte Theil dieser Verbindung ausscheiden. Der Niederschlag oder der milchsaure Käsestoff ist unter solchen Umständen zu lose, eine Trennung desselben von der übrigen Flüssigkeit würde mit Schwierigkeiten verbunden sein, aus dem Grunde erhitzen wir die Masse. Der Käse wird dichter, zusammenhängender und die Flüssigkeit kann nun um so leichter entfernt werden. — Die Milchsäure war also die Ursache, weßhalb der Käsestoff aus seiner Auflösung gefällt wurde! — Was wird nun geschehen müssen, wenn dem Käsestoff die Milchsäure durch eine Substanz, welche größere Verwandtschaft zu derselben hat, entzogen wird? — Der Käsestoff muß seinen frühern Zustand wieder annehmen, sobald die neue Verbindung der Milchsäure keine weitere Veränderung in ihm hervorbringt. — Der saure, weiße Käse erleidet sehr bald eine Zersetzung; es bildet sich, wie wir oben gesehen haben, unter andern Producten auch Ammoniak. Dieser Körper aber ist eine stärkere Basis als der Käsestoff, er wird demnach sich nicht allein mit der Milchsäure verbinden können, sondern er wird sie auch dem Käsestoff entziehen, und da das aus dieser Verbindung hervorgehende Ammoniak weiter keine Veränderung in dem Käsestoff hervorbringt, so wird nun der übrige Käsestoff, der einer Zersetzung entging, in seinen ursprünglichen Zustand zurückgeführt, und wir erhalten denselben in jener gewünschten und beliebten Eigenschaft, ganz so, als wenn wir den noch aufgelösten Käsestoff gelinde abdampfen und eine Bildung der Milchsäure vermeiden. — Man kann sich von der Wahrheit des eben Gesagten sehr leicht überzeugen, indem man nur nöthig hat, die Veränderungen des weißen Käse mittelst Lackmuspapier zu verfolgen; man wird finden, wie nach und nach die saure Reaction des Käse verschwindet, in dem Maaße, als die Fäulniß vorschreitet, wie an die Stelle der sauren eine neutrale tritt, und wie selbst diese einer alkalischen Reaction Platz macht. Man wird ferner finden, daß überall da, wo noch saure Reaction vorhanden, der weiße Käse noch in unveränderter Gestalt vorhanden ist, wie aber dagegen, wo die saure Reaction verschwunden, jene Veränderung des Käse vor sich gegangen ist.

Da aber mit der Erzeugung des Ammoniaks im faulenden Käse zugleich eine große Anzahl anderer Producte entstehen, die nicht im mindesten zu der Umänderung des Käsestoffs beitragen, sondern sogar durch ihre Gegenwart den Käse als Nahrungsmittel mehr oder weniger unappetitlich, der Gesundheit nachtheilig machen, so sieht man leicht ein, muß es uns willkommen sein, wenn wir dem weißen Käse, auch ohne Fäulniß und ohne jenen unangenehmen Geruch, die Milchsäure entziehen können. — Wollen wir naturgetreu bleiben, so haben wir nur nöthig, dem weißen Käse eine solche Quantität Ammoniakflüssigkeit oder Salmiakgeist, oder an dessen Stelle kohlensaures Ammoniak, was auch unter dem Namen von weißem Hirschhornsalz bekannt ist, hinzu zu setzen, bis die saure Reaction verschwunden ist; wir werden zu unserm Erstaunen bemerken, wie es nur einiger Minuten bedarf, um Massen von vielen Pfunden schwer in jene von uns beabsichtigte Beschaffenheit des Käses umzuändern, wozu sonst viele Wochen und Monate erforderlich sind. Haben wir gerade so viel Ammoniak hinzugesetzt, als zur Entziehung der Milchsäure nöthig ist, oder auch etwas weniger, so wird die Masse ganz geruchlos sein; ist mehr Ammoniak vorhanden, so riecht die Masse darnach und hat denn auch zum Theil schon jenen pikanten Geruch des faulenden Käse, ohne dessen Fäulniß zu theilen. — Wir dürfen nicht vergessen, daß frischer, weißer Käse stets eine bedeutende Menge Wasser einschließt; behandeln wir diesen Käse auf die angegebene Weise mit Ammoniakflüssigkeit, so ist es ganz natürlich, daß dieses Wasser ein Zerfließen des Käse hervorbringt, ganz so, wie es der Fall ist, wenn dergleichen Käse eine schnelle Fäulniß erleidet, bevor derselbe den größern Theil seines Wassergehalts verloren hat. Man kann eine recht überraschende Erscheinung hervorbringen, wenn man eine beliebige Quantität des weißen Käse mit der gehörigen Menge Salz und Kümmel vermischt, und nun dieser Masse unter einiger Vorsicht, am besten in kleinen Portionen, so viel Aetzammoniak oder Salmiakgeist hinzusetzt, bis dasselbe ein wenig **vorwalte** und die Säure allenthalben verschwunden ist; schon **während** der Mischung, besonders wenn diese mit Hülfe eines passenden Instruments recht innig geschieht, wird man aus diesem ganz magern Käse eine butterartige Masse erhalten, welches allen Anforderungen, mit Ausnahme des Fettes, eines vollkommenen Käses entspricht, und keinen andern Geruch hat, als höchstens den nach Ammoniak, wenn Letzteres nämlich im Ueberschuß hinzugesetzt worden ist; wir haben uns auf diese Weise eine angenehme und wirklich nahrhafte Speise dargestellt, denn der Käsestoff in Verbindung mit der Milchsäure ist in Wasser sehr schwer löslich, namentlich wenn die Flüssigkeit noch freie Säure enthält, wie dieses mit derjenigen Flüssigkeit der Fall ist, welche sich in unserm Magen vorfindet; sobald aber eine Speise schwer löslich oder wohl gar unlöslich ist, wird es auch um so mehr Zeit erfordern, bevor dieselbe durch den Act der Verdauung in die Säftemasse unseres Körpers übergehen kann, und es ist nicht unwahrscheinlich, daß dieses außer anderen ein Grund mit ist, weßhalb wir den frischen weißen Käse als Nahrungsmittel nicht vorziehen, und denselben lieber in jenem Zustande haben, in welchem ihm durch das Ammoniak die Milchsäure entzogen ist, ohne uns durch die Fäulniß abschrecken zu lassen; allerdings ein Grund, dessen wir wohl nicht immer bewußt sind. — Es muß uns daher willkommen sein, wenn wir unsern Zweck vollständig erreichen, ohne daß wir erst nöthig haben, den Käse faulen zu lassen, und mit diesem Käse eine große Anzahl schädlicher Stoffe zu genießen; wenn wir ferner diesen Zweck erreichen, indem wir nichts Anderes thun, als nur das, was uns die Natur zeigt. —

Es bedarf wohl kaum der Erwähnung, daß, wenn wir nun auch jene Veränderung des weißen Käse durch einen Zusatz von Ammoniak hervorgebracht haben, alsdann dennoch eine weitere Zersetzung des Käse, der ja nur die Milchsäure abgegeben hat, stattfinden muß, indem wir es immer noch mit einem organischen Körper zu thun haben. Allein diese Zersetzung wird immer erst mit der Zeit erfolgen, ganz so wie dieses auch bei dem weißen Käse der Fall ist; sie wird ferner abhängig sein nicht nur von der Trockenheit des Käse selbst, sondern auch von der Trockenheit und der Temperatur der atmosphärischen Luft. Nach und nach wird also der durch Ammoniak veränderte Käse ebenfalls jenen eigenthümlichen, penetranten Geruch, der stets ein Begleiter des zersetzten Käse ist, annehmen, und diese Erscheinung kann nur als Beweis gelten, daß wir durch den Zusatz von Ammoniak in der Natur des frischen weißen Käse nichts weiter verändert haben, als daß wir ihm die Milchsäure entzogen haben. Man darf sich keinesweges an die Anwendung des Ammoniaks stoßen, wenn auch diese Substanz, sei es nun im ätzenden Zustande in Wasser aufgelöst, als Salmiakgeist, oder im festen Zustande, als kohlensaures Ammoniak, einen so eigenthümlichen, stechenden Geruch und Geschmack besitzt, denn hier in diesem Falle ist das Ammoniak durchaus nichts fremdartiges; wir genießen diese Substanz, mit Ausnahme des frischen weißen Käse, in jeder Käsesorte, theils als freies Ammoniak, und in diesem letzteren Zustande ist es nicht allein schon ein Bestandtheil der Milch, sondern wir finden es auch fast in allen Theilen des thierischen Organismus, und es ist höchst wahrscheinlich, daß der liebliche und eigenthümliche Geruch und Geschmack der Fleischbrühe zum Theil von dieser Verbindung herrührt. Man wird noch weniger vor der Anwendung des Ammoniaks eine Scheu haben, wenn man erwägt, daß das kohlensaure Ammoniak, das weiße Hirschhornsalz, schon längst und in nicht unbedeutender Menge zur Darstellung feiner Eßwaaren, z. B. des weißen Honigkuchen und anderm dergleichen Backwerk, welche nicht mit Hefe versetzt werden dürfen, verwendet wird. Allerdings wird hier durch die erhöhte Temperatur des Backens das hinzugesetzte kohlensaure Ammoniak verflüchtigt, allein ein Theil wird doch immer an die vorhandene Säure des Backwerks gebunden und sonach auch mit genossen werden.

Wollen wir nun in größerer Ausdehnung dem weißen Käse, so wie wir ihn aus der sauren, abgerahmten Milch gewinnen, mit Hülfe des Ammoniaks jene Beschaffenheit ertheilen, so müssen wir zunächst durch erhöhte Temperatur, indem wir entweder die ganze Masse in einem Kessel über Feuer erhitzen, oder indem wir heißes Wasser hinzusetzen, den Käse dichter machen, und ihn auf gewöhnliche Weise von den Molken zu scheiden suchen; die Temperatur ist für unsern Zweck ganz gleichgültig, wenn wir nur eine vollkommene Trennung des Käse von den Molken erreichen. Hierauf wird der weiße Käse, nachdem auf der so genannten Käsebank der größere Theil der Molken entfernt worden ist, und derselbe bereits eine compacte Masse bildet,

in Leinewand eingeschlagen, zwischen gewöhnlichem, grobem Lösch=
papier anhaltend gepreßt, bis der Käse ziemlich alles Wasser
verloren hat. Diese halb trockene Masse wird nun mit der
nöthigen Quantität Salz, Kümmel oder anderen dergleichen ge=
würzhaften Substanzen vermischt, und hierauf so viel Salmiak=
geist, oder kohlensaures Ammoniak in gepulvertem Zustande, in
einzelnen Portionen, unter eractem Durcharbeiten der Masse,
hinzugesetzt, bis der größte Theil der Milchsäure verschwunden
ist. Rothes und blaues Lackmuspapier wird uns überzeugen,
inwiefern das Letztere erreicht ist; ein Ueberschuß des Ammoniaks
schadet zwar durchaus nichts, allein er hat keinen besondern
Zweck und würde nur die Kosten, welche mit der Anwendung
des Ammoniaks verbunden sind, erhöhen. — Diese Masse ist
nun vollständig fertiger und magerer Käse, und kann leicht in
bestimmten Quantitäten und in verschiedenen beliebigen Gestal=
ten weiter verarbeitet werden. Zu dem Ende läßt man sich ent=
weder von starkem Holz oder von Eisen eine Form anfertigen;
die bloß aus einem einfachen Rahme oder einem Ringe bestehen
kann, in welche die Masse mit einiger Kraft und Geschicklichkeit
hineingepreßt wird, ähnlich so, wie es beim Verfertigen von
Ziegelsteinen und anderen dergleichen Gegenständen geschieht.
Damit der Käse nicht mit den Wänden der Form zusammen=
klebt, hat man nur nöthig, dieselbe mit ein wenig Wasser zu
benetzen. Die fertigen Käse, welche hierauf noch eine kurze Zeit
an einem luftigen Ort aufgestellt werden, damit sie auf ihrer
Oberfläche gehörig abtrocknen, können alsdann als fertige Waare
in den Handel gebracht werden.

Haben wir vermittelst Soda den Rahm gewonnen, so ent=
hält natürlich die von dem Rahme abgelassene Flüssigkeit den
Käsestoff noch aufgelöst, denn es war ja alle Milchsäure von
dem kohlensauren Natron aufgenommen worden. Um nun diesen

Käsestoff als Käse zu verwenden, können wir, wenn es Zeit und Gelegenheit gestatten, diese Flüssigkeit einige Zeit bei Seite setzen, bis sich nicht allein so viel Milchsäure gebildet hat, damit das noch vorhandene freie kohlensaure Natron abgesättigt wird, sondern auch der aufgelöste Käsestoff als milchsaurer Käsestoff oder als geronnener Käse sich ausscheiden kann. Man kann die Bildung der Milchsäure nach der bekannten Methode mittelst Lab befördern, und dieser nun geronnene Käse wird dann weiter, wie schon angeführt ist, behandelt. Will man dagegen die noch nicht geronnene Flüssigkeit sogleich zu Käse verarbeiten, so muß man eine Säure hinzusetzen, welche dieselbe Wirkung hervorbringt, wie die Milchsäure. Es ist nun ganz gleichgültig, welche Säure zu diesem Zwecke verwendet wird, indem jede Säure diese Erscheinung zeigt, und nach der angeführten Methode, den Käse zu bereiten, von der Säure selbst kaum eine Spur im Käse zurückbleibt; sonach würde die wohlfeilste die beste sein, und Essig obenan stehen. Allein der Essig enthält stets außer dem Wasser und der Essigsäure eine Anzahl fremder Bestandtheile, die vielleicht dem Geschmack des Käse nachtheilig werden können. Zweckmäßiger ist daher die Anwendung der Salzsäure oder Chlorwasserstoffsäure, eine Flüssigkeit, die sehr billig im Handel zu haben ist; wird nämlich jener abgerahmten Flüssigkeit so viel Salzsäure hinzugesetzt, als zur Fällung und Gerinnung des Käsestoffs nöthig ist, so entsteht einmal salzsaurer Käsestoff, andrerseits aber Kochsalz; denn das kohlensaure Natron, wenn es mit Salzsäure oder Chlorwasserstoffsäure in Berührung kömmt, wird stets in Chlornatrium, das ist aber eben unser Kochsalz, umgeändert. Durch das Letztere bringen wir aber weder in den Käse, noch in die Molken, die doch immer als Viehfutter berücksichtigt werden müssen, eine fremdartige Substanz, und selbst die in kleinem Ueberschuß hinzugesetzte Salzsäure, kann die Güte der Molken nicht weiter benachtheiligen, weil Salzsäure in sehr

vielen Fällen einen Bestandtheil des Magensaftes unserer Haus-
thiere ausmacht. —

Wenn wir zur Schnellfabrikation des Käse Ammoniak vor-
schlugen, so geschah dieses aus keinem andern Grunde, als daß
wir ganz getreu der Natur nachahmen wollten. — Damit ist
nun aber keineswegs gesagt, als wenn nicht auch andere Substanzen, andere Basen, im Stande wären, dieselben Erscheinungen hervorzubringen, und in der That finden wir, daß Kali
und Natron, oder die Verbindung beider mit Kohlensäure als
Pottasche und Soda, wenn diese Substanzen unter gleichen Umständen, wie sie beim Zusatz des Ammoniak vorhanden sein
müssen, dem weißen Käse hinzugesetzt werden, eine ganz gleiche
Umänderung desselben hervorrufen. Hieraus ist ersichtlich, daß
die Veränderung des weißen Käse zunächst in nichts Anderm
besteht, als in der Entziehung seiner Milchsäure. — Wir können also auch hier mit Hülfe der Soda, wenn wir dieselbe in
einer concentrirten Auflösung haben, denselben Zweck erreichen,
wie bei der Anwendung des Ammoniaks, und es ist sogar viel
vortheilhafter jene anzuwenden, indem ihr Preis viel geringer
als der des Ammoniaks ist. War Milchsäure mit dem Käse
verbunden, so wird das sich erzeugende milchsaure Natron eben
so wenig fremdartig und schädlich sein, als dieses beim milchsauren Ammoniak der Fall ist, da beide Bestandtheile in der
Milch sind. Wurde die Salzsäure zur Gewinnung des Käse
benutzt, so werden wir sogar von der Anwendung der Soda einen
Vortheil haben, indem das aus der Verbindung beider hervorgehende Kochsalz die Güte des Käse erhöhen wird. Bei der
Anwendung der Soda darf man jedoch eine kleine Vorsichts-
maaßregel nicht übersehen; wenn wir nämlich beim Zusatz des
Ammoniaks es nicht so genau nehmen, ob mehr hinzugesetzt
wird, als zur Sättigung der Milchsäure oder Salzsäure erforderlich ist, so konnte dieses nicht von Nachtheil sein, da einmal

das freie Ammoniak sich leicht verflüchtigt, zweitens aber auch, wenn das Letztere auch nicht erfolgt, die Gegenwart des freien Ammoniak in so fern nicht schaden konnte, als schon bei jedem präparirten und etwas altem Käse mehr oder weniger freies Ammoniak zugegen ist. — Mit der Soda hingegen ist dieses nicht der Fall, und wir dürfen daher diese Substanz in keiner größeren Quantität hinzusetzen, als gerade zur Sättigung der Säure nöthig ist. Allein mit Hülfe des Lackmuspapiers und durch vorsichtiges Hinzusetzen, so wie durch ein sorgfältiges Bearbeiten der Masse nach jedesmaligem Zusatze der aufgelösten Soda, sind wir im Stande die Neutralisation bis zur äußersten Grenze zu treiben, und um ganz sicher zu gehen, darf man nur mit dem Zusatz von Soda inne halten, sobald die Säure ziemlich gesättigt und nur noch eine kleine Menge derselben zugegen ist. — Die Masse wird nun gesalzen und ganz so weiter verarbeitet, wie dieses bei dem Gebrauch des Ammoniaks bereits angegeben ist.

Es kann nicht unsere Absicht sein, Vorschriften zur Bereitung besonderer Käsearten zu geben, da einestheils dergleichen schon in großer Anzahl vorhanden sind, anderntheils aber diese Recepte immer nur eine beschränkte Anwendung finden würden, indem für jede Käsesorte auch ein besonderes Publikum geschaffen werden muß. — Wir müssen uns also auf das beschränken, was wir hierüber mitgetheilt haben; gleichzeitig sind wir aber überzeugt, daß der chemische Proceß, welcher bei der Käsebereitung überhaupt statt findet, das Wesentliche derselben ist, und daß nach einer richtigen Einsicht in diesen Proceß, mit Anwendung einiger unwesentlichen Handgriffe, leicht jede Käsesorte darzustellen ist. — Nur in Betreff des Fettes der verschiedenen Käsesorten mögen uns noch einige Bemerkungen erlaubt sein. Bei der Darstellung der Käse verfährt man im Allgemeinen so, daß man entweder die vollkommen abgerahmte, saure

Milch allein benutzt, in welchem Falle alsdann der Käse magerer Käse genannt wird, oder man benutzt die Milch, nachdem derselben zuvor ein Theil des Fettes als süßer Rahm entzogen wurde, und befördert nun die Bildung der Milchsäure und die Gerinnung des Käsestoffs durch Anwendung des Labs, oder man benutzt die Milch ohne weiteres und labt diese, oder auch, man setzt sogar dieser Milch noch eine Quantität Rahm hinzu. Diese verschiedenen Fälle bedingen einen verschiedenen Fettgehalt des Käse und sonach auch verschiedene Ausdrücke, womit der Fettgehalt bezeichnet wird. — Bei der abgerahmten sauren Milch ist der Käse auch in der That mager zu nennen, denn trotz dessen, daß diese abgerahmte saure Milch noch einen großen Theil Fett enthält, kommt dieser Fettgehalt dem Käse doch nicht zu Gute, weil mit der Entfernung der Molken ziemlich das noch vorhandene Milchfett verloren geht. Man bemerkt bei diesem magern Käse unter dem Mikroscop kaum eine Spur von Fett. Bei Bereitung der übrigen fetten Käsesorten wird nun, wenn die Bereitung derselben auf ähnliche Art geschieht, ein ähnliches Verhältniß statt finden; es wird stets ein großer Theil Milchfett mit den Molken verloren gehen, welcher doch nur immer einen untergeordneten Werth hat. Es ist daher weit zweckmäßiger und wir haben die Quantität Fett, die wir dem Käse zusetzen wollen, viel mehr in unserer Gewalt, wenn wir der völlig fertigen Käsemasse, so wie dieselbe nach unserer Vorschrift, sei es mit Ammoniak oder mit Soda, bereitet worden ist, eine beliebige Quantität Fett entweder in Form von Rahm oder als Butter hinzusetzen und alsdann die Masse gut durcharbeiten. Hierbei dürfen wir nicht vergessen, daß bei der Anwendung des Rahmes der Wassergehalt desselben berücksichtigt werden, und daß alsdann die Masse um so trockner sein muß. Ist der Rahm sauer oder enthält er noch etwas Soda, so ist dieses in beiden Fällen von keinem Nachtheil und kann auch sehr leicht corrigirt werden; am besten bleibt der Zusatz von Butter, man kann die Quantität derselben genau abwägen, und selbst eine minder gute Butter dazu verwenden.

Die Molken.

Die Flüssigkeit, welche sich von dem geronnenen Käsestoff nach und nach ausscheidet und alsdann leicht getrennt werden kann, wird Molken oder Wadecke genannt. Sie enthält stets noch eine Quantität Käsestoff aufgelöst, so wie Milchzucker, die verschiedenen Salze der Milch, und freie Milchsäure. Außerdem bemerkt man unter dem Mikroscop eine große Anzahl Fettkügelchen, welche in noch größerer, oder doch mindestens in eben so großer Zahl vorhanden sind, wie wir sie bei der abgerahmten sauren Milch beobachten, s. Tab. I., Fig. D.; es kann dieses auch nicht anders sein, da ja der aus dieser sauren Milch verfertigte Käse kaum eine Spur von Fett enthält. — Die Molken können aber auch anstatt der Milchsäure andere Säuren enthalten, wenn nämlich zur Fällung des Käsestoffs dergleichen gebraucht wurden. So bereitet man unter andern Molken, welche als Arznei gebraucht werden sollen, daß man der abgerahmten süßen Milch Schwefelsäure, Weinsteinsäure, Citronensäure oder Alaun, Weinstein u. s. w. hinzusetzt, die geronnene Flüssigkeit erwärmt und alsdann durchseiht. In diesem Falle enthalten die Molken stets einen Theil der hinzugesetzten Säure oder des sauren Salzes.

Außer zur Darstellung des Milchzuckers werden die Molken zum größten Theil als Viehfutter benutzt, und ihr Werth ist in dieser Beziehung gar nicht unbedeutend, denn wir finden bei den Molken, welche aus gewöhnlicher, abgerahmter, saurer Milch erzeugt werden, immer einen Durchschnittsgehalt von 7 pCt. fester Bestandtheile, wenn nämlich die Erwärmung der

Milch nicht mit heißem Waſſer geſchah. Sie haben ſonach den halben Werth der Milch, denn die Beſtandtheile ſind, mit Ausnahme einiger Salze, vollſtändig verdaulich und nahrhaft. — Da die Milchſäure auf Unkoſten des Milchzuckers entſteht, ſo werden wir freilich in den Molken nicht mehr den ganzen Gehalt deſſelben vorfinden können; allein es iſt wahrſcheinlich, daß die dafür gebildete Milchſäure in Betreff ihrer Ernährung mit dem Milchzucker gleichen Werth hat. — Zur Gewinnung des Milchzuckers werden die Molken bei gelinder Wärme bis zur Syrupsdicke eingedampft, aus welcher concentrirten Flüſſigkeit der Milchzucker gewöhnlich in kryſtalliniſchen Kruſten ſich ausſcheidet.

Nachwort.

Das Molkenweſen ruht in ſehr vielen Fällen in den Händen der Hausfrauen; an Dieſe iſt nun vorliegende Schrift ebenfalls gerichtet; ſie ſollen mit den chemiſchen und phyſikaliſchen Erſcheinungen der Butter- und Käſebereitung vertraut werden, ſie ſollen, indem ſie dieſe Operationen wiſſenſchaftlich verfolgen lernen, das Sklaventhum der rohen Empirie aufgeben. Denn nur dadurch, daß der Menſch über die Erſcheinungen nachdenkt und deren Urſachen zu erforſchen ſucht, werden nicht allein beſſere und vollkommenere Methoden für die Praxis aufgefunden, ſondern es ſchwingt ſich auch derſelbe von der blinden Nachahmung zur Wiſſenſchaft empor. — Man wird es mir daher verzeihen müſſen, wenn ich in dieſer Schrift verſchiedene wiſſenſchaftliche Ausdrücke gebrauchte, wenn ich von Säuren, wenn ich von Baſen ſprach; wenn ich, um dieſe von einander zu unterſcheiden, ihre Gegenwart zu ermitteln, die Anwendung des Lackmuspapiers vorschlage. — Es darf dieses keine Furcht erregen, denn es sind ja dergleichen Ausdrücke nichts Anderes, als nur bestimmtere Bezeichnungen für das, was schon längst vorhanden, und was uns auch großentheils bekannt ist. Das Lackmuspapier soll nur unsern, oft verkehrten Geschmacksinn durch den Gesichtssinn unterstützen. — Die Zubereitung der Nahrungs= mittel, das Kochen, das Backen, das Waschen, die Darstellung der Seife, genug alle diese Beschäftigungen, welche der Haus= frau obliegen, beruhen auf chemischen und physikalischen Er= scheinungen, und es werden oft schon diese Principien in An= wendung gebracht, ohne daß es klar und offen ausgesprochen wird. — Die wahre Wissenschaft führt uns stets auf den allein richtigen Weg, und nur Mißverständnisse und Irrthümer kön= nen auf Abwege bringen. Sie ist zugänglich für Jedermann, sie bindet sich nicht an Stand und Geschlecht, und nur durch sie allein erringen wir jene geistige Emancipation, die des Men= schen größte Zierde ist.

Man prüfe daher ohne Vorurtheil und ohne Scheu das, was in dieser Schrift gesagt ist; man stelle zu dem Ende einige kleine Versuche an, man vergleiche unparteiisch die gefundenen Resultate, und nur dann, wenn man die volle Ueberzeugung hat, daß nirgends gefehlt ist, dann erst fälle man ein Urtheil!

Der Verfasser.

Erklärungen der Abbildungen auf Tab. I.

Fig. A. Frische Kuhmilch, welche $4\frac{1}{2}$ pCt. Fett enthält und mit gleichen Theilen Wasser verdünnt ist; man sieht nichts weiter, als die Fettkügelchen, deren verschiedenes Größenverhältniß besonders hervortritt.

Fig. B. Süße Sahne, welche ebenfalls mit gleichen Theilen Wasser verdünnt ist. Nicht allein die größere Anzahl der Fettkügelchen, sondern auch der größere Durchmesser einiger derselben, zeichnet diese Sahne r der Milch aus.

Fig. C. Abgerahmte Milch, von welcher der Rahm vermittelst Soda gewonnen wurde.

Fig. D. Abgerahmte Milch, von welcher der Rahm durch Sauerwerden auf gewöhnliche Weise gewonnen wurde. a. a. Geronnener Käsestoff.

Fig. E. Abgerahmte Milch, von der ebenfalls der Rahm vermittelst Soda gewonnen wurde, in welcher aber, noch ehe das Abrahmen erfolgt war, sich so viel Milchsäure gebildet hatte, daß ebenfalls eine Gerinnung des Käsestoffs erfolgte. a. a. Geronnener Käsestoff.

Fig. F. Saurer Rahm mit gleichen Theilen Wasser verdünnt. Man bemerkt außer den Fettkügelchen und dem geronnenen Käsestoff, unter a. a. eine große Anzahl niederer Pflanzenbildungen, sogenannter Algen oder Conversen.

Fig. G. Buttermilch von saurem Rahme.

Fig. H. Buttermilch von Rahm, welcher vermittelst Soda gewonnen wurde.

Fig. J. Geschmolzene Butter.

Fig. K. Frische, ungeschmolzene Butter.

Sämmtliche Abbildungen sind mit Hülfe eines ziemlich stark vergrößernden Mikroscops angefertigt.

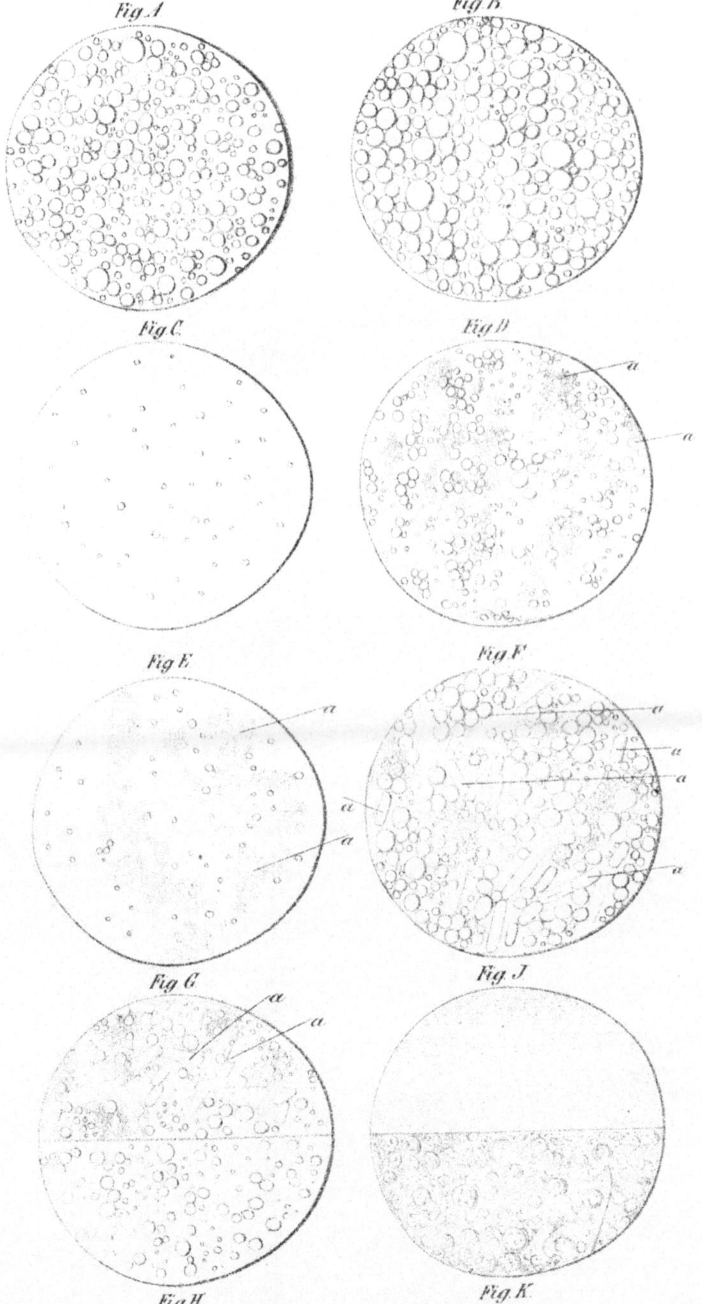

Fig A.
Fig. B.
Fig. C.
Fig. D.
a
a
Fig E.
Fig. F.
a
a
a
a
a
a
a
Fig. G.
Fig. J.
a
a
Fig. H.
Fig. K.

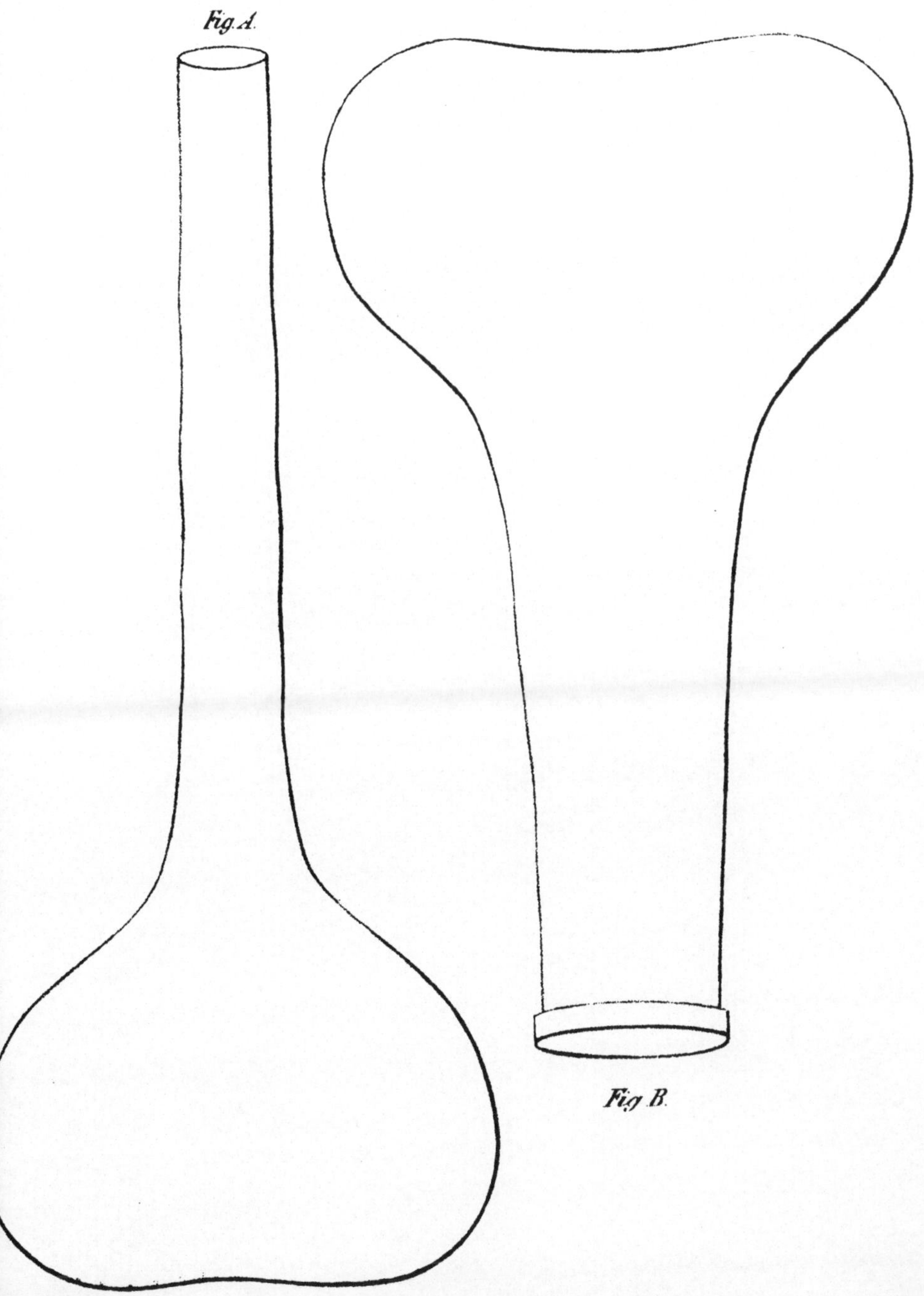
Fig. A.
Fig. B.

Neue landwirthschaftliche Werke.

So eben ist erschienen (Berlin, in Kommisston bei Julius Springer):

Heinrich Berlin's

Mittheilung eines sichern und praktisch geprüften Mittels
gegen die
Lungenseuche des Rindviehs.
Preis: 15 Sgr.

Bei Gräger in Halle erschien und wurde so eben vollständig:

Die Landwirthschaft
in ihren Beziehungen
zur
Chemie, Physik und Meteorologie
von
J. B. Boussignault,
Mitglied der Akademie der Wissenschaften, des Instituts zu Paris ꝛc.
Deutsch bearbeitet von Dr. H. Gräger.
2 Bände. Preis 3 Thaler.

Bei Ebner und Seubert in Stuttgart ist so eben erschienen:

Anleitung
zum
Betriebe der Pferdezucht
von
Wilhelm Baumeister,
Professor an der königl. württ. Thierarzneischule zu Stuttgart.
Broch. Preis 1 Thlr.